卡耐基
思想精华集锦

［美］戴尔·卡耐基◎著

吉林出版集团股份有限公司

图书在版编目（CIP）数据

卡耐基思想精华集锦 /（美）戴尔·卡耐基著; 郑和生译. — 长春：

吉林出版集团股份有限公司, 2018.7

　　ISBN 978-7-5581-5241-2

　　Ⅰ.①卡… Ⅱ.①戴… ②郑… Ⅲ.①成功心理 – 通俗读物

Ⅳ.①B848.4–49

中国版本图书馆CIP数据核字（2018）第134173号

卡耐基思想精华集锦

著　　者	［美］戴尔·卡耐基
译　　者	郑和生
责任编辑	王　平　史俊南
开　　本	710mm×1000mm　1/16
字　　数	260千字
印　　张	18
版　　次	2018年11月第1版
印　　次	2018年11月第1次印刷

出　　版	吉林出版集团股份有限公司
电　　话	总编办：010-63109269
	发行部：010-67208886
印　　刷	三河市天润建兴印务有限公司

ISBN 978-7-5581-5241-2　　　　　　　　　　定价：45.00元

前言

在现在这个时代，人们关注的更多的是自己的收益，而不是纯粹的渴望成功的欲望。因为太多的人认为成功是一件太过虚无缥缈的事情。也有的人将成功与功利等同起来，认为获得物质财富就是成功。成功学里面有一个重要的前提，那就是关于成功的界定。

成功没有一个固定的标准，但是有一个比喻很贴切："成功就是躺在破烂的床上诞生，然后躺在豪华的棺材里下葬。"成功与进步的根本区别是程度上的不同，成功是一种大跨度的、持久的、终极的、稳固的进步。一位出身贫寒的普通工人成为某家工厂不可或缺的技术人员，这就是一种成功。但是作为工厂继承人的经理把祖业保存下来，就很难算是成功，除非他遇到了类似于2008年金融危机所面临的前所未有的挑战。而那些依靠偷税发财的商人、依靠行贿升官的政客，虽然一时显赫，但是也算不上成功。如今，随着信息科技的发展，我们要通过什么来取得成功呢？

答案就在本书之中。

先让我们来看一则有趣的小故事。一位农场主在巡视谷仓的时候，不慎将一块名贵的金表遗失在谷仓里。他遍寻不获，便在农场门口贴了一张告示：找到金表者赏100元。

人们面对重赏的诱惑，无不卖力地四处翻找，无奈谷仓内谷粒成山，还有成捆的稻草，要想在其中找到一块金表如同大海捞针。人们忙到太阳西下也没找到金表，他们不是抱怨金表太小，就是抱怨谷仓太大、稻草太多，一个个放弃了。只有一个穷人家的小孩在众人离开的时候仍不死心，努力寻找。他已经整整一天没有吃饭了，他希望在天黑之前找到金表，解决一家人的吃饭问题。天越来越黑，谷仓内越来越安静，突然他听到一个奇特的声音，"嘀嗒，嘀嗒"响个不停。小孩循声找到了金表，最终得到了100元。

成功的途径很简单，那就是在别人埋怨所有的合理与不合理时，成功者都在寻找成功的方法。自1912年起，卡耐基一直在给纽约的职场人士授课。起初他仅仅是指导人们有效演讲的技巧。这种课程专门为成年人而设计，帮助他们在商务访谈以及面对公众演讲时，更为清晰、有效、平静地表达自己的观点。这是卡耐基成功学的起缘，后来这门课程不断发展，卡耐基也认识到自己的课程已经不能满足越来越多的人的需求。于是，他将自己多年打拼以及在授课之中得到的经验整理成为一套成功学理论。这些理论就是人们寻求成功的方法。

卡耐基在长期实践的基础之上总结而成的著作，在20世纪保持了长盛不衰的销售佳绩，成为最畅销的成功励志经典。本书即是卡耐基成功经验之中精华部分的节选。本书忠实地保留了卡耐基成功学原著的特色，对其主体内容做了十分细致的筛选，使之能够更加适应大众的需要。希望有更多的人能够通过此书之中的经验、技巧，实现自己的理想和抱负，这是《卡耐基思想精华集锦》一书出版的目的。书中的法则并不是纯粹的理论和猜测，而是如同魔法一样能够改变许多人的习惯和生活。希望您读完这本书之后，能找到适合自己的那条通往成功的路。

CONTENTS 目录

第八章　卡耐基成功演讲训练法

第一章

卡耐基处世
思想精华集锦

　　起初，卡耐基一直在纽约教授一班职业男女，他只是教授一些当着许多人面前说话的技巧。几年后，他觉得这门功课还需要更加充实一点。他认为，无论经商、做工，或者处理家事，除了善于说话之外，更应该懂得一些处事待人的技巧。大多数成功者的最大优点，不在于他们有怎样深奥的学识，而是在于他们有着高尚的人格和灵活的待人手腕。希望本章节的内容能对渴望处世成功的人们有所帮助。

你永远无法一个人活在这个世上。

——卡耐基

如果你要采蜜，千万不要弄翻蜂巢

1903年的某一天，应聘当地"青年会"社会学教师的戴尔·卡耐基正在试教。

他活跃的思维、明快的感情使学生耳目一新，试讲获得圆满成功。长达两个半小时的演说结束了，人们都不想离开。有一些人优雅地走过来，和卡耐基握手、拥抱，致以问候，周围是一片赞扬声！卡耐基满面春风地对待一个又一个前来祝贺的人。

成功了！现在他必须和青年会主任讨价还价，以确定薪金。

"先生，很对不起！你的演说是非常成功的，但是我们不需要心理医生，而只是想找一位可以教授公众演讲的老师。"

卡耐基听到这句话的时候，内心里猛地一沉，但他很快就反应过来：

"可是，主任，我也同样能启发学生怎样演说呀，甚至完全可以专门传授演讲的技巧和方式！"

那位主任一脸的迟疑，这时站在一旁的老教授说话了："那有什么关系呢？社会关系学本来就是一项综合性的知识，一门复杂的学问。戴尔·卡耐基在这方面的造诣早就超过了我们中的任何一个人，他完全可以当教授！"

这种难得的好话促使青年会主任下定决心，聘请卡耐基为讲授《怎样演讲》的老师。他又说："工资按课时计酬，基本薪金是每节课一美元。"

卡耐基马上断然否决："必须是每节课两美元，夜校教师的工资都是这种水平！"

主任一脸的不高兴，但又没有办法，发作不起来，他只好抱怨道："青年会还要支付各种租金、税金和其他费用，学生又不多，给你这样高的薪水后，你能否保证招来足够的学生呢？"

做过推销员的卡耐基不知不觉中甩出了销售时的绝招，说："我给你吃回扣，怎么样？你付我两美元一节课，我以利润分享的方式为你工作。"

"好，一言为定！"主任一边满脸和气地说着，一边从办公桌抽屉里拿出一张文件纸，"来，我们签订一个合同。"

在卡耐基的求职过程之中，我们可以看到他试图将"不行"变成"行"。卡耐基曾经自嘲那段穷困潦倒时期的自己是到处采集蜂蜜的不择手段之人，我们来看看在这个案例里面卡耐基为了采到蜂蜜使用了哪些"手段"？

首先，融入蜂巢。从案例之中，我们可以看出，卡耐基不论是在面试还是试讲的时候，都能敏锐地观察周围的情况，从而调整自己预先设计的答案或者试讲方案。用卡耐基自己的话说，就是要洞察蜂巢的情况，并作出与之相适应的行为。正是因为卡耐基顺应此时此地的情况做出了相应调整，才能临场发挥出一场吸引人眼球和心灵的试讲，虽然这场试讲似乎有点像演讲，但是在场的所有人都陶醉了。没有人去在意，也没有人认为这有什么不对，就连教了一辈子书的老教授也被卡耐基的试讲感动了。

其次，吸引蜜蜂，或者说是感动蜜蜂。卡耐基在试讲中的精彩表现成功地吸引了老教授的关注，也得到了所有人的认可。所以，对于卡耐基的试讲，主任认为其创新之处有失妥当的时候，老教授才会真心地帮助卡耐基。老教授认同卡耐基，同时，也说服主任认同了卡耐基。

最后，协商采蜜。在主任认同卡耐基之后，提出了每课时一美元的待遇，这与当时每课时两美元的市场价相差太大了。卡耐基断然拒绝，并提出每课时两美元的要求。双方沟通之后，最终的解决方案是：学校给卡耐基每课时两美元的待遇，条件是卡耐基要付给主任回扣。主任手中的"蜜"，经过两人协商，最终以一个双方都能接受的方案，解决了这个问题。

"要想采得花蜜，不要弄翻蜂巢"。卡耐基给这句话的注释是：人不是独居动物，我们在做任何事情之前势必要考虑相关环境的状况；任何事情都是可以协商的，所以面对困难甚至是刁难的时候，妥协与抗争是两种极端的卑劣选择，这只会让事情变得更糟糕。在我们的生活与工作之中，总是有面对困难的时候，要么妥协，要么抗争，一味地妥协只会使我们处于更为艰难的境地，一味地抗争也只会使我们越来越无力，所以这两种选择都不是我们的出路。也许有人会问：除了这两条路之外，我们还能怎么办呢？读了这篇文章，我们发现了绝处逢生的第三条路，即寻找我们与困难之间的那个对双方都有益的点，这个点才是双赢点。

卡耐基思想精华：

"要想采得花蜜，不要弄翻蜂巢"，这句话其实说的就是一种双赢策略。总有一种方式能让矛盾冲突的双方都获益，而这种方式如何找到则归结于双方如何交流和沟通。

人类天性之中最深切的冲动是"做个重要人物的欲望"。

——卡耐基

每个人都是"大人物"

卡耐基曾经在他的演讲之中多次提到这样一个小故事：

"我在纽约的三十三号街和第八大道交汇处的邮局里排队等候，寄一封挂号信。我注意到，那位柜台后面的邮务员显然对自己的工作感到很不耐烦——称重、递出邮票、找零钱、分发数据——年复一年机械式地重复着这种单调的工作。我想：'我要试着让那位邮务员喜欢我。我必须说一些有趣的事情，并且是关于他的，而不是关于我的。'

"我又问自己：'他有什么地方是值得赞赏的？'许多时候，这是个很不容易找出答案的难题，尤其对方是个素昧平生的陌生人。可是经过观察，我还是找到了邮务员身上的闪光点。

"当邮务员为发往埃及的信件称重时，我热忱地对他说：'我真希望能有你这样一头好头发。'

"邮务员闻言抬起头，惊讶地看着我，然后从惊讶之中恢复过来，泛出笑容，很客气地说：'啊，它已经不像以前那么好了！'

"我很确切地告诉他，或许没有过去的光泽，但是现在他的头发仍然很好。邮务员非常高兴，与我愉快地谈了几句之后，他很自豪地告诉我：'许多人都称赞过我的头发。'

"邮务员出去吃午饭的时候，他的脚步就像腾云驾雾般轻松。"

有很多人在听过这个故事之后都会问卡耐基："你想从那个邮务员身上得到什么？"

卡耐基回答："嗯，是的，我确实想要从那人身上得到些什么。但是那东西是无价的，而且我已经得到了。我使他感觉到，我替他做了一件不需要他回报的事情。我得到了助人的快乐，那种感觉即使过了很久以后，也会在我的记忆中闪耀出光芒来。"

正如卡耐基所言，如果我们真是自私到不从别人身上得到什么好处，就不愿意分给别人一点快乐，就不对他人表示一点点赞赏或者表达一点点真诚的感谢，那么我们所遭遇的，它绝对是失败。

在我们的生活之中，也经常遇见这样的人：素昧平生的平凡的小人物。他们也许因为从事着机械式的工作而忽略了待人的态度，我们也许会因为这漠然的态度而反感他，但是卡耐基经过仔细的观察，找到了邮务员身上的闪光点，这不仅让他自己脱离了反感，更让邮务员神采奕奕起来。

人类本质里最殷切的需求是渴望得到他人的肯定和重视。卡耐基认为，人类和动物的不同之处，就在于这种需求、这种自重感的存在，而且人类文化也由此产生。

卡耐基由此指出，人类行为当中有一项绝对重要的定律。如果我们遵从这一定律，任何烦心的事情都不再烦心。它会给我们带来无数的朋友和永恒的快乐。如果违反了这一定律，我们就会遭遇到无数的困难，难免后患无穷。这项定律就是——把每个人都看成是重要人物，时时让他人感到自己很重要。

任何人都希望得到他人的认同，都希望在自己生活的世界里深具重要性。任何人都不希望收到没有价值、言不由衷的恭维，而是渴望真诚的赞赏。任何人都希望成为这个世界的中心。

在我们的生活和工作之中，平凡的人、重要的人、自大的人、虚伪的人……各式各样的人都会出现，我们不管遇到怎样的人，都应该首先认同对方，重视对方。要知道，认同的对立面是否定，重视的对立面是轻视，如果我们不选择认同与重视，那么我们的态度就必然会表现出否定与轻视。千万不要幻想着我们可以掩藏自己的态度，我们也许不会傻到在言语上表达自己的态度，但是我们的非言语行为会在不经意之间就泄露我们的秘密。所以，既然态度不能绝对掩藏，那么不如大大方方地表达。既然要表达出来，我们为什么不选择认同与重视呢？

所以，让我们衷心地遵循这一永恒的定律——你希望别人怎么待你，你就该怎样去待别人。你希望别人将你看作是重要的人物，那么你首先就要将别人看作是重要的人物。

在运用这一定律的时候，我们必须注意三点。

首先，赞赏要发自内心。苍白的、虚无的恭维只会让人觉得怪怪的，也许对方还会以为你在嘲笑他，往往会引起反作用。卡耐基对邮务员的赞赏没有夸张的言辞，而是用非常朴实的语气陈述了一个事实：邮务员的头发很好看。这让邮务员很受用。

其次，赞赏的时候要找准赞赏点。人们往往以为说几句讨人欢喜的话就是赞赏，如果这真是赞赏，那么这种赞赏只会让对方更加地讨厌你。赞赏要找到赞赏点，找到那个对方自己心里也很认同的点。邮务员引以为豪的是漂亮的头发，卡耐基也由衷地认为邮务员的头发很好看，那么邮务员的头发就是赞赏点。

最后，更重要的一点，我们要随时随地遵循这一定律。你不需要等到功成名就的时候再去遵循这一定律，你几乎每天都可以运用这一定律。

"对不起，麻烦你……""可否请你……""请问你愿不愿意……""你介不介意……""谢谢"等，这些发自肺腑的日常用语，都可以减少人与人之间的纠纷，同时也自然地表现出自己高贵的人格。

现代社会的快节奏中，我们的情绪越来越难以控制。在餐馆吃饭的时候，服务员送错餐，兴许会引起我们烦躁的情绪，这个时候不妨深吸一口气，然后这样说："对不起，麻烦你了，但我比较喜欢鱼香肉丝。"服务员会笑着对你说抱歉，然后给你一份香气四溢的鱼香肉丝。因为我们首先尊重了服务员，所以一个简简单单的换餐会使我们双方都很愉快。

卡耐基思想精华：

让他人感到自己很重要——他人也会让你觉得自己很重要，这是幸福生活的法宝。

世界上没有一个人做一件事，不是为自己着想的。

——卡耐基

选择适当鱼饵

卡耐基小有名气之后，每季度都要做一次演讲，地点是租的纽约一家旅馆的跳舞厅，每次共租二十天。久而久之，卡耐基成为这家旅馆的老主顾。

可是有一次，当卡耐基已经公布了演讲题目和日期，并印发了许多入场券之后，这家旅馆主人突然给了他一个通知，说是要把租金涨三倍。

卡耐基自然是极力反对，但是他想："如果我贸然提出抗议，对于纯粹为自己的利益着想的旅馆主人，一定不会发生什么效果。"深思熟虑之后，卡耐基想好主意去见旅馆主人。

"我觉得你的通知有些唐突，但是我知道这不是你的错。因为假使换了我，一定也会想替旅馆多挣几个钱。不过我对于你加租之后的损益有些怀疑，我们不妨拿一张纸出来，开诚布公地算一下。"

卡耐基说完，拿出一张纸，边说边罗列出"益"与"损"："现在为了你的利益着想，你当然情愿把舞厅从演讲厅改为舞会和宴会之用。这样一来，你的收入一定远比我的租金要多。但是，你即兴加租之后，我为了不付这么大一笔租金，只好永远不上你的门。于是你最大的损失就出现了：来听我的演讲的人，多是知识界的人物。我的演讲可以替你做出很好的宣传，远比你在报上花五千块钱所刊载的影响要大。"

后来，旅馆主人将增加三倍租金改为增加五成。这个结果对于卡耐基和旅馆主人双方来说，都是圆满的。

这个发生在卡耐基自己身上的案例，恰好证明了卡耐基所提出的这样一条人际交往方法：选择适当的"鱼饵"，一定可以事半功倍，收到很好的效果。

一个人最关心的无非是他自己罢了。我们待人正可利用这种心理，将对于自己的关心，推而及人。

如果你想别人按照你的意思去做什么事，你不必冒冒失失地就跟他说上一大套，事实证明，那毫无用处。你应该事先想一想："我怎样做，可以使他情愿？"

如果卡耐基当时任性一点，赶到旅馆主人那里，怒声斥责："你真是岂有此理，为什么早不加，晚不加，偏偏在我公布了讲题、发了入场券之后加，而且一加就是三倍！我偏偏不加，看你怎样？"那么旅馆主人会怎样呢？他为了自己的面子，当然不肯认错。那么，最终损失最大的还是卡耐基自己。

卡耐基没有任性，他冷静地找到了适合旅馆主人的"鱼饵"——利益，分析出对于旅馆主人来说，涨租三倍所带来的"益"与"损"之间是"损"大于"益"。这是卡耐基制胜的关键。相反的，如果旅馆主人让步，令卡耐基顺利举办演讲，那么他不仅仅省下了一笔昂贵的广告费，还能从中得到不少收益。至此，旅馆主人已经上"钩"了。

最优"鱼饵"选择找准之后，还需要浑然不觉地得到"鱼"的信任：这个"鱼饵"是很好吃的。如何得到这种信任呢？答案是换位思考。如果卡耐基一上来就说："你涨我这么多的租金是你的损失！"那么谈判就很难顺利进行。卡耐基先表示对涨租的理解，并表示"假使是我，也会这么做"，这种换位思考成功地消除了旅馆主人内心的尴尬与敌意。这使两人的对话得以顺利进行。

卡耐基思想精华：

被誉为政坛"常青树"的英国政界名人劳特·乔治曾经说过："若我确有一个本领在支持我的地位，那本领也许就是我能以钓鱼的法子待人了。"的确，熟练运用钓鱼的方法去钓人，一定可以事半功倍，得到双方都满意的结果。

如果你要使别人喜欢你，如果你想让他人对你产生兴趣，你需要注意的一点是：谈论别人感兴趣的事情。

——卡耐基

迎合他人兴趣

一种新生事物被人们所接受是需要时日的，风靡欧美的卡耐基"公开演说"课程刚开始时，也碰到不少钉子，频频遭到拒绝。在那个时候，大众最感兴趣的娱乐节目是朗诵诗句或部分喜剧脚本。在一次到基督教青年会推销课程的演讲中，卡耐基选了两首最感兴趣的诗歌，为那一群人朗诵。他运用了在大学和美国戏剧艺术学院学到的经验，在听众都感兴趣的朗诵诗句和喜剧脚本上做了妥善的准备，最后卡耐基获得了观众雷鸣般的掌声，演讲获得巨大的成功。青年会负责人也改变了主意，同意在青年会开设"公开演说班"。

卡耐基在后来的演讲之中，也多次强调：和人沟通的秘诀是说别人感兴趣的事。道理很简单，没有人有耐心待在一个不知所云、口若悬河的人面前。相反，我们若是了解到对方感兴趣的东西，然后和对方谈论它，那么谈话就能顺利地继续。一场愉快的谈话是成功的人际关系的开始。下次再见面时，对方脑海当中自然就能浮现出相谈甚欢的场景。至此，良好人际关系初步建立。

我们迎合对方的兴趣，其实是给对方尽情发挥的空间。每个人都有诉说的愿望，每个人都渴望着向别人诉说某些自己感兴趣的东西。顺着人们诉说欲望的渠道，边倾听边表达自己的想法，将会让沟通有效地进行。那些被人们讨厌的人就是那些自私心及自重感麻醉的人，他们只谈论自己感兴趣的东西，只为自己设想，而不去迎合别人的兴趣与爱好。与人沟通的诀窍就是：谈论他人最为愉悦的事情。每个人都有各自不同的兴趣与爱好，一旦你能找到其兴趣所在，并以此为突破口，那你的话就不愁说不到他的心坎上。

每个人都有自己感兴趣的东西，比如有的人喜欢篮球，有的人喜欢军事，有的人喜欢音乐，有的人对演艺圈的八卦新闻感兴趣，有的人对书法绘画感兴趣，有的人对烹饪食物感兴趣，有的人对神秘现象着迷等。总之，每个人都有一项或是多项兴趣，会说话的人在说服别人的过程中，懂得迎合别人的兴趣。

如果你要使人喜欢你，如果你想让他人对你产生兴趣，你必须注意的一点是：谈论别人感兴趣的话题。卡耐基很好地运用了这一点。

正是抓住了听众感兴趣的方面，卡耐基才能赢得观众热烈的掌声。这些掌声无疑是卡耐基在非议声中巍然不动的支撑力量。

如果卡耐基不找出他的听众所感兴趣的事，使这些听众先高兴起来，那么他的演讲必然不会大受欢迎。

有人不屑于迎合他人兴趣，认为那是溜须拍马。这种认知太极端了。迎合对方的兴趣只是为接下来你要谈论的重点做一个铺垫，这是传递一种信息的方式。和对方谈论他所感兴趣的话题，实际上是表明"我"对"你"有一定了解，并且"我"希望更深入地了解"你"，因为"你"对"我"来说很重要。这种信息实际上在告诉对方："如果你有某种需求，而我也有某种需求，我们也许可以交换我们的需求。"这是良好合作的开始。

在现实生活之中，迎合对方的兴趣，是良好交流与沟通的开始。在商场上，迎合对方兴趣，是互利共赢合作的开始。没有人会不愿意和喜欢自己的人合作，而迎合对方的兴趣就是在传达一种好感。要想对方对我们产生好感，首先需要我们先传达这种好感。所以，迎合了对方的兴趣，才能使双方的沟通顺利进行。

卡耐基思想精华：

卡耐基在《人性的弱点》一书中说："与人沟通的诀窍就是：谈论他人感兴趣的话题。"所以，如果你要使人喜欢你，如果你想让他人对你产生兴趣，那就记住：谈论别人感兴趣的话题。

"跟别人交谈的时候，不要以讨论异见作为开始，要以强调而且不断强调双方所同意的事情作为开始。不断强调你们都是为相同的目标而努力，唯一的差异只在于方法而非目的。"

——卡耐基

苏格拉底秘诀

卡耐基是一位钓鱼专家，他信奉"钓不同的鱼要用不同的鱼竿"，但是买鱼竿又太浪费，所以，他很喜欢租鱼竿。他在给学生们上课的时候，叙述了自己如何成为一家渔具商店的好顾客的过程。

"某一天，我想要租渔具，于是打电话给我经常租渔具的商店。一个声音听起来非常令人愉快的男士接听了电话，他说很抱歉他们不再租渔具了，因为他们负担不起。然后他问我以前是不是租过弓，我回答说，'不错，几年以前'。他又提醒我当时可能要付二十五到三十美元的租金，我又说了'不错'。然后他又问我是不是一个希望省些钱的人，当然我又回答'不错'。他说明他们正在拍卖一些全套渔具，只要三十四块九毛五分钱，我只要付出比租金多四块九毛五分钱，就可以买下一整套。他解释这就是他们为什么停止出租弓的原因，他问我这样做是不是很划得来，我的'不错'的答复引导我去买一套渔具。而当我去拿渔具的时候，我又在他的店里买了一些其他的东西。并且从那以后，我便成为他们商店的固定顾客。"

其实，只是因为那家商店老板婉转的话，使卡耐基说了"不错"这句话的关系，他就心甘情愿地买了渔具。

"我从中学到，跟别人争辩是无济于事的。我们需要从他人的观点来看事情，使对方认同才更有收获，才更有意义。"卡耐基总结道。

从这之后，卡耐基开始研究这种让对方说"是，是"的方法。他发现这种方法的缘起要追溯到苏格拉底——"雅典的牛蝇"。

苏格拉底是个伶俐的老小孩，他在四十岁秃顶的时候娶了一个十九岁的女孩子。他做了一件历史上只有少数几个人能做到的事：他彻底地改变了人类的思潮。而现在，他还被尊为在这个争论不休的世界中最卓越的口才家之一。

他的方法是什么？他是否对别人说他们错了？没有，他太老练了，不会做那种事。他的整套方法，现在称之为"苏格拉底妙法"，以得到"是，是"为根据。他所问的问题，都是对方所必须同意的。他不断地得到一个同意又一个同意，直到他拥有很多的'是，是'。他不断地发问，直到最后，几乎不知不觉之下，他的对手发现自己所等到的结论，是他在几分钟之前所坚决反对的。这正是令卡耐基不知不觉也陷入买渔具决定的"陷阱"。

当我们要自作聪明地对别人说他错了的时候，不要忘了赤足的苏格拉底，也请记得提出一个温和的问题——一个会得到"是，是"反应的问题。

苏格拉底从不指责别人的错误，并且只要一提出意见对方一定赞成，而且结论总会和自己最初想象的相符合。这就是苏格拉底的秘诀。

这种苏格拉底方式，卡耐基将其运用在教学之中。辅导员在充满"赞成"的气氛下进行教学，不管什么时候，他们绝不使用"No（不）"，而以积极的方式来鼓励学生。这种做法有助于学生达到目标，对于人际关系的应用也有很大的作用。

在现实生活之中，我们不妨也可以运用这一方法。与其为了某一个问题争论不休，我们还不如寻找一组对方也同意的命题，来支持我们的观点。当对方毫不犹豫地回答了一连串的"是"的时候，他会发现这些问题的重点竟然是他之前极力反对的那一个观点。这个时候，除了承认我们是对的，对方没有其他的选择。这是一种试图使对方认同我方观点的极佳的技巧。与其据理力争，还不如将我们的观点分解成一个个小观点，以这些小观点为前提向对方提出一些他不得不说"是"的问题，这些问题的终点必然是我们的观点。当然，这种技巧的运用需要我们厚积薄发，所以在日常生活之中知识的积累是很重要的。

卡耐基思想精华：

中国人有一句格言，充满了东方悠久的智慧："轻履者行远。"如果你要使别人同意你的观点，请记住下列苏格拉底的秘诀："提一组简单的、循序渐进的相关问题，使对方立即就说'是的，是的'。"

灵感的火花可能会光顾上帝垂青的天才，但是要将灵感变为现实，则需要天才去请求他人的帮助。

——卡耐基

请求他人相助

卡耐基离开青年会之后，决定要开创一项事业，写一本教科书，用这本教科书来指导成年人如何演讲、推销和为人处世。

卡耐基的一个学生费恩知道了他的这个想法之后，就极力劝说卡耐基："真了不起！我曾猜想你会这么干的。但是，我想建议你的是，你难道不可以成立一家公司吗？'卡耐基课程'公司！"

卡耐基一想，是啊，我可以这样干，但他又迟疑了一下，语气充满了恳求："公司仅有我一个人，怎么行呢？"

费恩听出了卡耐基语气之中的SOS信号，胸有成竹地说："你可以找人帮忙。比如我，就可以四处推销你的'卡耐基课程'；还有，以前毕业的学生中肯定有几个人可以当老师的。"

他们两人边走边谈，一会儿就到了卡耐基的公寓里。两个人热烈地商讨着成立公司的大计，整个晚上很快过去了。最终，卡耐基拿定了主意：他要在纽约和宾夕法尼亚大学里开设"公众演说课程"，教导人们如何演说（包括谈话）、摆脱烦恼以及处理人际关系；还在青年会租用教室，招收学生举办"卡耐基课程"。与此同时，卡耐基还培养一部分骨干分子作为助手，费恩则去纽约各地乃至全美推销课程。

此后，卡耐基的事业迅速地形成雏形。除此以外，卡耐基还找到了几个合伙人兼教师，比如罗宾、列文、福尼斯等。在这群人中间，卡耐基既是教师又是领导者，因此他开始注重对领导能力的研究。卡耐基的事业蓬勃发展起来。

人类在本性上是群居的动物，人作为一个社会成员，在生活上有着强烈的合群需要，在工作中更是离不开相互的合作。灵感的火花可能会光顾上帝垂青的天才，但是要将灵感变为现实，则需要天才去请求他人的帮助。如果卡耐基是上帝垂青的天才，那么这个天才已经深悟到了这一点。一个好的点子要变为现实是一个长期且曲折的过程。卡耐基知道自己的点子是无人踏足的领域，一旦成功就会开创一个行业的先河。但是这个金点子要实现起来，仅靠他自己的力量是远远不够的。很自然地，卡耐基想到了请求他人的帮助。

那么，请求谁的帮助呢？当费恩表现出对这个点子极大的热忱之后，卡耐基知道请这个人是绝对正确的。但是卡耐基没有兴致勃勃地直接去问费恩可不可以帮助自己开创这一项事业，而是探了探他的口风："公司仅有我一个人，怎么行呢？"言下之意就是："现在只有我一个人，你想不想加入？"果然，费恩再次热忱地表示自己可以帮助卡耐基推销"卡耐基课程"。至此，卡耐基成功地得到了费恩的帮助。

与历史上那些通过沉思默想掌控大局的人不同，卡耐基知道自己的局限，他知道自己必须去寻求帮助。假设，卡耐基在想出了这个金点子之后，也像历史上那些离群索居的天才一样，将自己孤立在这个金点子里面，最终这个金点子会成为他的枷锁。

在我们的现实生活和工作之中，也常常遇到自己不能解决的问题，这个时候，为什么不请求一下他人的帮助呢？

有人认为请求他人的帮助难以启齿，所以在遇到问题之后喜欢自己扛着。然而，他们却忘记了，请求他人的帮助其实也是一种表示信任的方式。请求亲朋好友的帮助，是关系亲密的体现；请求陌生人的帮助，是拉近双方关系的一种方式。况且，遍观古今中外，没有哪一个名人是完全靠自己的力量和智慧名垂千古的。我们这些平凡的小人物又有什么不好意思的呢？

有人因为害怕遭到拒绝而默默独自面对困难。其实，请求他人帮助是在给对方传达这样的信息：现在你对我很重要。在感受到这样的信息之后，对方心理上会得到一种自我价值实现的满足感，所以通常都会很乐意伸出援手。

抛开这些顾虑，下次遇到困难的时候，试着请求他人的帮助吧。

卡耐基思想精华：

站在巨人的肩膀上，你会站得更高；借助他人的力量，你会事半功倍。真正聪明的人都有一套善于"借"的本领。一个微笑，一句请求，实际上是建立了一种良好的相互信任的交往方式。

当你想要让他人帮你做事情的时候，就算你掌握绝对的权威，也不要去命令他人，否则将使事情变得越来越糟。

——卡耐基

建议代替命令

在20世纪30年代，卡耐基有一场被称为"欢迎答询"的演说风靡欧美。负责西蒙与休斯特公司出版工作的西姆金因为这场演说决定出版卡耐基的《与人相处的艺术》。与此同时，还有很多的出版社想要出版这本书。

在一个课程结束后的夜晚，西姆金找到卡耐基并说出了自己的想法。

"你代表哪一家出版公司？"卡耐基问道。

"西蒙与休斯特公司。"

"我不想再向西蒙与休斯特公司投稿。"卡耐基说，"你们的编辑曾拒绝了我两本书的手稿，他们不会再得到我的书稿了，而且我现在也没有时间编写新书。"

西姆金仍坚持不肯放弃，他解释说编辑对不同手稿会有不同的反应。如果书本内容是采用写实而特殊的手法（此种方式已在课程中获得学员们一致的肯定）编写而成，西姆金确信一定会成功。西姆金建议，只要卡耐基说出下一场"欢迎答询"的演说在何处举行，他就偕同速记员前去。

"那是要花你的钱，悉听尊便啰！"卡耐基说。

尝试着进行了这样的活动之后，西姆金将报告打字完成后送交卡耐基。数日后，西姆金接到电话，卡耐基认为该演说读来像台词一样好，他想依计划进行。

　　两年后，戴尔·卡耐基将他的全部手稿交给西蒙与休斯特公司的编辑委员会。卡耐基将这些手稿命名为《影响力的本质》，并与委员会签约。

　　当西姆金将第10万本书寄给卡耐基时，卡耐基题字寄回。书上的题字是："每天早上我起床面向东方，感谢上帝让你走进我的生命。"

　　后来，卡耐基告诉西姆金："你的建议其实有很多人跟我说过，我只答应你的原因是因为他们在跟我说这个点子的时候都摆脱不了那种命令人的派头。"

　　卡耐基当时已经声名远播，想要给他出书的出版社很多，但是太小的出版社他觉得缺乏信任度，大出版社又老是摆出神气的派头。西姆金代表的出版社是行业内的翘楚，并且西姆金没有用那种命令式的沟通方式，而是诚心诚意地提出一个可行性建议。这是让卡耐基答应的最终原因。

　　在日常生活和工作之中，我们通常会对对方的命令产生逆反心理："我凭什么听你的！"但是建议的效果就不一样了，建议通常能让对方做出我们期望的行为。

　　建议首先表达了"我很尊重你"的意思。这是建议优越于命令的地方之一。

　　建议也表现了我们要和对方交流的渴望，它是一种双向交流。相对于单方面想要将自己的想法强加在对方身上的命令，建议更加容易被人们接受。

　　建议也保全了对方的面子，这也许是对方最终决定接受建议的原因。我们保全了对方的面子，本着互惠互利的原则，对方也会顺着杆子接受我们的建议，而不会让我们太尴尬。

　　对于上位者来说，建议也优于命令。没有人会喜欢命令的口气和高高在上的架势！管理者与小职员的区别与人格无关，只与分工和职务有关，两者之间不存在高低贵贱的区别。所以，想让别人用什么样的态度去完成工作，就要用什么样的口气和方式去下达任务。

　　用"建议"代替"命令"，不但能使对方维持自己的人格尊严，而且能使人积极主动、创造性地完成工作。即便是你指出了别人工作中的不足，对方也会乐于接受和改正，与你合作。

卡耐基思想精华：

不妨用建议代替命令，这样不但能避免伤害别人的自尊，而且能使其乐于改正自己的错误，使其在自己的心目中对领导产生一种好感。正是这种好感，很可能成为其后来为组织作出贡献的强大动力。

不正当的抨击，往往经过伪装的赞美；一只死狗，根本就没有谁愿意花费心力去理睬它们。

——卡耐基

批评始于赞扬

卡耐基功成名就之后，曾在电台上对英国宗教家、救世军的创立者布斯先生大加赞扬，所以收到了一位女士指责布斯将军的来信。她在信中指证布斯在募集的贫穷救济捐款中窃取了八百万美元。当然，这种指控是毫无根据的。她这样做并非为追求真实，而是想整垮一个居于高位的人，从而借以获得某种快感。

卡耐基的处理方式是，"这封充满恶意的信，我把它放进了废纸篓。感谢上帝，幸好这位女士不是我的妻子。这封信丝毫无损于布斯将军的人格。这封信的唯一效果，就是暴露了写信者的缺点。叔本华曾经说过：'卑贱的人对伟大的人的缺点或愚行最感兴趣。'这位哲学家的观察是正确的。"

卡耐基撰文说："大概没有人会认为耶鲁大学校长是卑俗的人。然而，却有一位早期的耶鲁校长，对辱骂政界的风云人物似乎有莫大的乐趣。这位名牌大学的校长警告选民：'这个男人如果当选为总统，我们的妻子和女儿将沦为公平制度的牺牲者，受到莫大的屈辱而堕落，同优雅的人格永远分道扬镳，从而遭到上帝和大众的厌弃。'这难道不是对希特勒的弹劾宣告吗？事实并非如此。这位校长所说的'这个男人'不是法西斯疯子希特勒。他的抨击对象是汤姆斯·杰斐逊。他是民主主义的导师、美国独立宣言的起草者。"

卡耐基以这些古老的故事向世人揭示人性的弱点，即不正当的抨击，往往是经过伪装的赞美。因此，卡耐基得出一个结论："当你被不公正的批评所困扰的时候，你遵循的第一项原则应该是凡事务求至善，即可不在意任何人的批评。"

这是卡耐基恪守的一个信条。

卡耐基认识到世上的人对别人的事情、别人的讥诮，实际上大都漠不关心。人们一天24小时，能思考的问题几乎全集中在自己这一焦点上。可以说，他们关心自己的轻微头痛千百倍地胜于关心别人的死讯。

所以，我们如果因为被欺骗、被嘲弄、被出卖，或背后被捅一刀，而陷入自怨自怜，那是一种非常可悲的愚蠢。尽管我们不可能阻止别人对你做出不公正的批评，但我们能够做到可以不被这些批评所困扰。

然而卡耐基并不主张对所有的批评都束之高阁。他的意思是，希望你在面对恶意的攻讦时，大都可以付诸一笑，不要耿耿于怀。这是一种高雅的生活态度。

纵观古今中外的许多历史伟人，他们在面对诘难的时候，反而能开怀一笑，幽默的应对使发出诘难者也忍俊不禁。幽默的应对也许对我们来说有点难度，但是伟人的那种平和的心态是我们应该学习并且也能学习到的。

在现实生活之中，很多人常常想做种种事情，却因为担心别人对自己的想法议论纷纷而放弃。卡耐基认为只要你心中了解那是正当的事情，你就不必在意人家说什么。卡耐基告诉我们，摆脱那些始于赞扬的批评的唯一方法，就是像端坐在棚架上的瓷木偶那样：无动于衷。

卡耐基思想精华：

卡耐基特有的对诘难的"冷处理"是有力和成功的。我们每个人都会遇到来自多方面的抨击，尤其是当你获得某种名誉和成就时。当你成为不公平、不妥当的批评的牺牲者时，不妨一笑而过。因为当凶狠的攻击一旦面对善意的微笑时，大概也就只有颓然而退了。

当面指责别人，只会造成对方顽强的反抗；而巧妙的暗示对方注意自己的错误，则会受到爱戴。

——卡耐基

巧妙暗示错误

卡耐基的侄女约瑟芬·卡耐基，离开堪萨斯市的老家，到纽约担任卡耐基的秘书。她那时十九岁，高中毕业已经三年，但做事经验几乎等于零。而现在，她已是西半球最完美的秘书之一。

不过，在刚刚开始工作的时候，她的身上还存在许多不足。有一天，卡耐基正想开始批评她，但马上又对自己说："等一等，戴尔·卡耐基。你的年纪比约瑟芬大了一倍，你的生活经验几乎是她的一万倍。你怎么可能希望她有与你一样的观点，你的判断力，你的冲劲——虽然这些都是很平凡的。还有，你十九岁时又在干什么呢？还记得你那些愚蠢的错误和举动吗？"

经过诚实而公正地把这些事情仔细想过一遍之后，卡耐基获得结论，约瑟芬十九岁时的行为比他当年好多了，而且他很惭愧地承认，他并没有经常称赞约瑟芬。从那次以后，当卡耐基想指出约瑟芬的错误时，总是以赞美代替批评：

"约瑟芬，你比我年轻时强多了。但上帝知道，我在你这个年纪的时候所犯的许多错误比你要糟糕很多倍。你当然不能天生就万事精通，但是你能做到这个程度就已经相当不错了。但是，难道你不认为，如果你这样做的话，不是比较聪明一点吗？"

　　一个人去做一件事，通常是为了两种原因：一种是真正的原因，另一种则是听来很动听的原因。每个人本身都曾想到那个真正的原因，你用不着强调它。

　　但是，我们每一个人，在心底里都是理想主义者，总喜欢想到那个好听的动机。因此，为了改变人们，就要挑起他们的高贵动机。

　　没有一件事是可以适用于任何情况的，也没有一件事对所有的人都有效。如果你对目前的结果已经感到满意，那为什么要改变？如果你不满意，那何不试试看？与此相反，当面指责别人，只会造成对方顽强的反抗；而巧妙地暗示对方注意自己的错误，则会受到爱戴。卡耐基在指出侄女约瑟芬的缺点之前，是先加以赞扬。这种赞扬是对约瑟芬能力的肯定。卡耐基是在传达一种信息：约瑟芬，我认可你现在的能力，我只是客观地看待你。在这个基础之上，当卡耐基后面提出约瑟芬的缺点时，约瑟芬就会很容易接受：叔叔不是对我持有偏见，他是认可我的能力的，也希望我的能力能有所提高。

　　在这样的认知之下，约瑟芬能很快地接受卡耐基的批评，并且寻求自身的完善。

　　在日常生活和工作之中，当我们发现周围的人有你必须提出来的缺点时，不妨在提出缺点之前先表示赞美。这不仅仅是一种委婉的表达方式，更是在提醒我们自己：人都是优点与缺点共存的，我们不能只看见对方的缺点而忽略了其优点。

　　也有人认为，指出错误不要这么虚伪，直接说出来就可以了，但是我们必须考虑到，每个人都是有自己的尊严的。这种尊严不会因为关系的亲近而少一点，如果我们直刺刺地指出对方的错误，即使是再亲密的人，也会觉得颜面丧尽。这样的情况违背了我们仅仅是想指出对方的错误，而没有想过要使对方丢面子的初衷。人是感情动物，要是我们不顾及对方的感情，要是因为直接指出对方的错误而伤害了对方，更严重的后果，可能会导致双方关系决裂。所以，巧妙暗示错误绝非是虚伪与否的问题，而是尊重与否的问题。

因此，巧妙暗示错误，是我们每一个人在日常生活之中都要密切注意的问题。

卡耐基思想精华：

卡耐基告诉我们，要改变一个人而不伤感情，不引起憎恨，请按照下面的原则去做："间接地提醒他人注意自己的错误。"

"不要抱怨邻人屋顶上的雪，当你自己门口脏兮兮的时候。"

——卡耐基

苗先批评自己

卡耐基有一段刻骨铭心的记忆："我年轻时，年轻气盛，表现欲极强。察哈丁·戴维斯一度在美国文坛上红得发紫，于是我给他写了一封信。因为我当时在写一篇有关作家们的杂志文章，所以我请戴维斯告诉我他的写作方式。正文写完之后，我还想加点什么比较有特色的句子。我忽然想起我曾收到的一封来信，信末写着：'口述信，未读过。'我觉得写那封信的人，一定很了不起、很忙碌、很重要。我觉得那句话很经典。因此我就在短笺的结尾，以这些字句作为结语：'口述信，未读过。'他根本就没看我的信，只把信退还给我，并在尾端草草地写下：'你的礼貌真是没有礼貌。'我知道我做错了，得到这样的回复也许我是咎由自取，但我不以为然。当我在十年之后得知察哈丁·戴维斯的死讯时，我的心中仍然想着他那次对我的伤害。"

卡耐基强调，要先把自己修炼得十全十美，然后才能规劝别人。卡耐基告诫道："如果你明天要造成一种历经数十年、直到死亡才能消失的反感，只要轻轻吐出一句恶毒的评语就得了——不论你多么肯定自己那样做是理所当然。"

所以，卡耐基认为，跟别人相处的时候，我们要记住，和我们来往的不是逻辑的人物，和我们来往的是充满感情的人物，是充满偏见、骄傲和虚荣的人物。所以，一味地坚持己见是没有用的。即使我们是正确的，对方也可以

"完全不讲道理"，甚至不理睬我们。因为他感情上就不接受我们的这种坚持自己是正确的方式。很多时候，我们需要在感情上说服对方。那么，如何在感情上说服对方呢？很简单，无论对方是对是错，我们不妨先进行自我批评。

假如一个人一开始就谦虚地承认，他也可能犯错误，并不是无懈可击的，那么别人再听他评论自己的过失，也许就不会难以入耳了。一味责怪别人是徒劳无功的，尝试着了解别人才是我们应该做的。将注意力从试图说服对方转移到试图了解对方这么做的原因，会更有效果。这比批评更有益处，也更有意义得多；而这也孕育了同情、容忍，以及仁慈。卡耐基之所以难以对戴维斯的伤害释怀，很大一部分的原因应该是戴维斯作出了武断的批评。这不难理解，首先，人无完人，每个人都有缺点，你既然不是一个完美的人，那你凭什么要对我的不完美作出武断的判断？其次，你没有了解过我，那你凭什么就认为我的行为产生了严重的后果？你根本就没有了解过我，就对我作出无端的批评，这不仅仅是没有尊重我，还伤害了我的感情。既然你没有办法指出我的行为确实产生了严重的后果，那么你的批评是针对什么而来的呢？最后，上位者应该对普通人怀有仁慈之心，戴维斯应该了解到卡耐基当时不过是个血气方刚的年轻人，他写那句话除了体现"酷"，没有其他的意思。

在现实生活之中，我们需要认识到这三个方面，才能避免武断的批评，才能得到更为宽容的评价，才能建立良好的人际关系。

卡耐基思想精华：

"全然了解，就是全然宽恕。"卡耐基的处世艺术的确很特殊。他首先要求人们先深入到自己的内心，先发现自己身上存在的缺点，然后才能指出他人的错误和不足，使别人能心悦诚服地接受。这种处世方法，我们不妨也试试。

保全他人面子！这是何等重要的一个问题！而我们却很少会考虑到这个问题。

——卡耐基

保全他人面子

有一次，卡耐基请一位室内设计师为他家布置一些窗帘。

当账单送来时，他大吃一惊。

过了几天，一位朋友来看他，看到了那些窗帘，并问起价钱，而后又面有难色地说："太过分了。我看他占了你的便宜。"

她说的是实话，可是没有人肯听别人羞辱自己判断力的实话。因此，身为一个凡人，卡耐基开始为自己辩护。他说贵的东西终究有贵的价值，你不可能以便宜的价钱买到高品质又有艺术品位的东西等。

第二天另一位朋友也来拜访，开始赞扬那些窗帘，表现得很热心，说她希望家里也能买得起那些精美的窗帘。这时卡耐基的反应完全不一样了。"说句老实话，"他说，"我自己也负担不起。我付的价钱太高了，我后悔买了它们。"

在与人相处时首先要做到的就是尊重。尊重对方会使其产生一种自尊感和自重感，这一点对于我们能否和别人愉快地交谈、有效地沟通至关重要。实际上，这种自尊感和自重感就是人们平常所说的面子。因此，保全他人的面子是很重要的。其实，谁没有一点自尊，谁不重视面子呢？在社会之中，有年龄的高低、性别的差异、分工的不同，甚至很多人认为还有人格的"贵贱"，关键在于我们都需要理解和尊重。所以，我们只有先学会理解和尊重别人，保全别人的面子，别人才会理解和尊重我们，保全我们的面子。

每个人都是爱面子的，卡耐基也一样。所以尽管两位朋友都表示窗帘的价格比较昂贵，但是前者太过直白的话语让卡耐基觉得她是在羞辱自己的判断力。当后者赞美着这昂贵的窗帘时，卡耐基终于表现出后悔之意。后来卡耐基将"保全他人面子"作为人际交往的座右铭。

在现实生活之中，特别是在很多的场合，我们尤其应该要好好地保全他人的面子，这样别人也会更加地尊重你。保全他人的面子是一个很重要的问题，也是很多人都容易忽略的问题。纵使别人犯错、别人对你来说不是那么的重要、不是很让你看得起，但是你也应该给别人保留面子。或许现在他是不怎么成功，不怎么使你看得起，但也许将来的某一天他会有所作为。所以我们尽量不要让自己多结仇，至少，这样在你成功的道路上不仅不会有更多的仇人，反而会有更多的朋友帮助你。

那么，在保全他人面子的过程之中，我们要注意些什么呢？

首先，我们要站在对方的角度想想对方的忌讳是什么，对方的底线是什么。也就是说，我们要找到与对方交流的禁区。

其次，在找到这个禁区之后，在谈话时就不要哪壶不开提哪壶，以免伤及他的自尊。

再次，在与亲朋好友或者同事开玩笑的时候要掌握好"度"。太过分的玩笑最好不要涉及，因为这会伤及对方的面子。

最后，有些时候批评或者惩罚并不一定要直白地进行。我们完全可以委婉地、间接地达到自己的目的。如果能够在保住别人自尊的情况下指出别人的错误，也许对方能更加容易接受我们的意见。

卡耐基思想精华：

纵使别人犯错，而我们是对的，如果没有为别人保留面子，就会破坏双方的关系。因此，说服他人之前请先保全他人的面子。

如果他得到你的尊重，并且你对他的某种能力表示认可，他就很容易受到引导。

——卡耐基

赞美引人进步

　　卡耐基家曾经雇佣过一个女仆凯利。当卡耐基给这个女仆的前任女主人泰瑞夫人打电话询问凯利的有关情况时，发现这个女仆一无是处。泰瑞夫人还劝诫卡耐基最好不要雇佣她。卡耐基想了想，诚恳地对泰瑞夫人表示了感谢，但他还是决定雇佣凯利。当凯利来上班时，卡耐基夫人在卡耐基的授意下说："凯利，你的前任主人说你不仅诚实可靠，还勤奋能干，会做菜，会照顾孩子。但是她说你不整洁，经常不收拾屋子。开始我还半信半疑，但是现在见到你之后，我确定她是在说谎。因为你穿的很整洁，这样整洁的一个人是不会不收拾屋子的，你收拾的屋子肯定和你的人一样干净整洁。我很喜欢你，我想我们一定能相处得很愉快。"后来，卡耐基一家果然和凯利相处得很好。凯利要顾全名誉，并且她真的做到了。她把屋子收拾得闪闪发光，她情愿多花费一小时来打扫，也不愿意辜负卡耐基一家对她的期望。

　　也许会有人觉得这真是不可思议，简简单单几句话就能让这个从不收拾屋子的女仆发生转变？其实，这简简单单的几句话里面暗藏玄机。这几句话首先是给凯利戴一顶"高帽子"——"不仅诚实可靠，还勤奋能干"，这是为接下来的那句"经常不收拾屋子"做铺垫。其次，任谁戴着这么一顶"高帽子"，都会很乐于接受接下来被人指出来的缺点。于是凯利很自然地接受了"经常不收拾屋子"的缺点。最后，卡耐基夫人表示不相信凯利是不收拾屋子的人，因为凯利看上去很整洁，这既不着痕迹地赞美了凯利的外表，也很自然地让凯利能顺着台阶而下。当然，"你收拾的屋子肯定和你的人一样干净整洁。我很喜欢你，我想我们一定能相处得很愉快"，更是表明了己方友好的态度以及对对方的好感。这无疑是双方相处的一个良好的开始。

凯利在和主人的第一次见面之中就心甘情愿地将自己归于"诚实可靠""勤劳能干""经常收拾屋子"的优秀女仆行列。在今后的工作中，为了保全这些"高帽子"，她也就必须按照这个标准来要求自己。

其实，在这个过程之中，凯利得到的是精神层面的满足。她得到了尊重，得到了认可，这是多少薪资都比不上的。

在我们的日常生活中，多一些对别人的赞美，往往会得到意想不到的效果。人们内心都是积极向上的，当这些积极的因素被我们发现并加以赞美的时候，他们会觉得很满足。然后会更加努力地满足我们对他们的预期。这是一个很简单的良性循环。我们都是普普通通的人，不可能十全十美。那当我们想要帮助某个人在某一方面得到改进和完善的时候，不妨给他一个好名誉。他会为了这个好名誉尽力去做，因为他不愿让自己那个美好的形象染上污点。

卡耐基思想精华：

古语云："给狗一个恶名，不如把它吊死。"那么，给它一个美名，会有什么结果呢？没有人打心眼里就想要一个恶名，那么，我们不妨用赞美来擦去他身上的污点。

第二章

卡耐基自信人生
思想精华集锦

怀疑自我是人性的一大弱点，怀疑自我的人始终无法集中精力做事，更别想能做好一件事。这样的人很难摆脱失望情绪的纠缠，甚至终生不得快乐。

那么，你是否在许多次的失败之后，开始对自己产生怀疑："是不是我的命运注定我无法成功，我能行吗？"不，忘记这些吧，作为一个人，你就是独一无二的，你就是无价之宝！

我们若已接受最坏的，就再没有什么损失。

——卡耐基

消除忧虑的万能公式

1908年4月，戴尔·卡耐基在国际函授学校丹弗分校开始从事销售员工作，他的任务是推销国际函授学校丹弗分校的教学课程。

戴尔·卡耐基掩饰不住内心的兴奋，他憧憬着未来光明的前途，仿佛一条发财的大路已在他脚底延展开来。尽管每日两美元食宿费外加佣金的工作算不上高薪，但与父亲相比，已经相当不错了。卡耐基满怀热情、全身心地投入了他的新工作。

然而，戴尔·卡耐基不久就意识到自己低估了推销的难度，因为散居在那布斯卡的居民并不像他想象中那么热衷于等待邮购教学课程。

卡耐基在外辛辛苦苦地奔波了一周，但尝到的却是一次又一次失败的滋味。不管他怎样热心，怎样运用口才，但是他的种种努力似乎都倾倒进了滚滚东流的密苏里河中，还是一无所获。他开始感觉到泰山压顶般的压力，他吃不香睡不着，整夜整夜失眠，满心焦虑，神情颓废。

他开始想到要是自己完成不了推销任务的最坏结果："可能会被解雇吧……"想到可能会被解雇，可能需要重新找工作，卡耐基突然觉得这个结果并没有那么糟糕至极，只是重新找工作而已。接受了这个最坏的结果之后，卡耐基释然了。

他开始平和地寻找机会，他想："时间还没有到，我还有时间，也许能推销出去一套也说不定。"于是，他似乎进入了另外一种超然的状态，重新开始推销国际函授学校丹弗分校的教学课程。

一天，卡耐基吃完早餐后，在回到住处的路上，刚好有一位架线工人在电线杆上作业，忽然他的钢丝钳掉到了地上。卡耐基把它捡起来，抛给这位工人。

"先生，干这个可真不容易。"卡耐基找机会与架线工人搭讪。

"那还用说，既艰苦又危险！"架线工人漫不经心地应道。

"我有个朋友也干这行，但他却觉得很轻松！"

"他觉得轻松？！"

"是的，不过他以前也同你的看法一样，想法的转变只是近期的事！"卡耐基继续说，"有一门课程，他学了以后，工作起来就容易多了。"

戴尔·卡耐基终于说服那名架线工人答应购买一门电机工课程。

我们可能都有这样的感受，在经历了数次失败后，一次小小成功的滋味也显得妙不可言，卡耐基也是如此。他兴高采烈地回到分公司办公室报告成果，并收取佣金。那么，是什么方法这么灵通，居然可以化腐朽为神奇，拯救人于绝境。多年之后，卡耐基根据自己和他人的经历归纳出了消除焦虑的万能公式。

这个神奇的公式只有三个步骤。

第一步，首先勇敢而诚恳地分析整体的情况，然后清楚地知道万一失败之后可能发生的最坏的状况是什么。卡耐基在推销中陷入焦虑和绝望的时候，想到最坏的结果无非是失去工作，有一点可以肯定的是，"不会有人把我关起来，或者枪毙我"。

第二步，在对最坏的状况预想完之后，让自己接受它。卡耐基明白此次工作的重要性，这是他的第一份工作，如果失败，他也会因此失业。但即便真的如此，他明白自己还是可以另外找一份工作。明晰了可能发生的最坏的情况，并让自己接受之后，卡耐基终于轻松下来，感受到几天以来都未曾有过的平静。

第三步，在做好了前两步之后，就可以平静地把时间和精力投入试着改善自己在心理上已经接受的那些最坏的情况上面。

为什么这个消除焦虑的万能公式有这么大的价值，而且如此实用？这和我们每个人在现实之中的状况不谋而合，因为只有心灵上的平静才会带来一种新的能量的释放。当我们接受了最坏的情况之后，便知道不会再有什么损失。换句话说，接下来无论得到什么东西都比原来的一无所有要好些。

但是，在现实生活之中，还有许多人因为愤怒而毁掉了自己的生活。因为他们拒绝接受最坏的状况，不肯据此作出改变，不愿意尽可能地在灾难之中救出东西。他们不但不能重新建构自己的财富，还会与经验进行冷酷而激烈的争斗，最终成为忧郁症的牺牲者。

现实之中，不如意事十之八九。无论是生活、学习，还是工作，我们都会遇到各种各样的困难，它们貌似不可逾越，但也许运用这个万能公式就可柳暗花明。

如果你有各种各样的问题，不妨运用消除焦虑的万能公式，做到下面三件事。

问你自己：可能发生的最不的情况是什么？

如果你必须接受的话，那就准备接受它。

然后平静地思考，想出办法改善最坏的状况。

相信我们都能像卡耐基一样，运用这个万能公式，化腐朽为神奇，将自己塑造成为一个独一无二的快乐的自己。

卡耐基思想精华：

每个人都有生的本能，这个本能决定了我们每个人体内蕴含着无限大的潜力。在这个潜力面前，绝境前面就是柳暗花明。在想清楚最坏的结果，并发现这个最坏的结果并非难以接受之后，破釜沉舟的勇气会让人走出困境，创造新的开始。生命的最大奥秘不在于我们能创造多少辉煌，而在于在人生低谷与高峰之间如何平稳过渡。

假如，我们的生活过多地被忧虑所主宰，那我们就太傻了。

——卡耐基

让忧虑"到此为止"

查尔斯·罗伯茨是一个投资顾问，他向卡耐基讲道："股票交易之中有一个最重要的准则：'只要是我买的股票，都有一个到此为止的标准。比如：我买进50元一股的股票，便立刻规定，万一下跌，最低不能超过45元。'这句话的意思是，当股票下跌到比买进价格低5元时，便马上抛出，这样一来，每投的损失不会超出5元。如果你买进后股票上涨，涨到一定幅度时马上抛出，可能平均每股赚10元、25元，甚至是50元。所以，只要把损失限制在5元以内，就算是出现一半的失误也能赚很多钱。"

"我要是早点知道这个限制该多好。我要用它来约束我的脾气、欲望、懊悔，以及因精神与情感压力而产生的忧虑，并经常对自己说：对于这件事，担这么一点心就够了，不能再多。"卡耐基听完之后，感受颇多。

卡耐基30多岁的时候，决定将写小说当作自己的事业，立志做第二个哈代。他踌躇满志地在欧洲写了两年，终于完成了自己的杰作——《大风雪》。正如这本书的题目一样，几乎所有的出版社都对它冷冰冰的，如同呼啸而过的大风雪。

后来，卡耐基的经纪人对他说，这本书毫无价值，并指出他完全没有写作的天赋与能力。卡耐基觉得自己的心脏都快要停跳了。他感到，自己正在面临着人生的重大抉择。尽管卡耐基不知道"限制原则"，不懂得"让忧虑到此结束"，但是，他的确是那样做了。他先把写小说这件事当成自己宝贵的人生经验，然后，让它"到此结束"。接下来，他再次做起自己的老本行——组织和教授成人教育班，一有时间，便写一些人物传记以及除小说之外的书籍。

卡耐基坚信，拥有正确的价值观，才可能拥有一颗平静的心。在忧虑摧毁你之前，先扔掉忧虑的习惯，或准备为生活付出代价。因此，不管在什么时候，只要你发现自己又在开始忧虑的时候，不妨找个安静的地方，停下来先想一想以下三个问题。

我所忧虑的事情跟自己有什么关系？

我该在这件事的什么地方标出"到此结束"的界限，之后完全忘掉它。

这个"哨子"到底值多少钱？我付出的是否太多？

很多人都曾经这样勉励自己在忧虑之中振奋精神：忧虑地度过一天是一天，开心地度过一天也是一天，为什么我不开心地度过一天呢？是啊，既然无论怎么选择我们都是要度过这宝贵的一天，那么，我们为什么还要愚蠢地浪费时光在忧虑上面呢？

我们总是在浪费过多的时间之后，才发现自己在忧虑一件毫无意义的事情。可是尽管察觉到这件事情毫无意义，但还是在好胜心作祟之下，试图找到平复这无聊的忧虑的方法。于是，我们再一次在这毫无意义的忧虑上浪费掉更多的时间。到头来，我们发现自己实在是为"哨子"付出了太多的代价——一去不复返的光阴。

当我们发现自己开始对阴霾的天气感到忧虑的时候，我们不妨数一个"一二三"：一、天气阴霾与我们到底有什么直接关系呢？当我们确定阳台上的衣服已经收进衣柜时，我们就已经肯定阴霾的天气其实和我们没有直接的关系。二、既然这件事与我们没有直接的关系，那么我们为其忧虑是不是就有点荒诞呢？所以不妨就从此刻起，标出"到此结束"的界限吧。三、在这件我们不应该忧虑的事情上，我们是不是花费了太多的时间？如果不想再浪费更多的时间，那就果断地投入到我们应该做的事情之中去吧。

卡耐基思想精华：

人生苦短，除去吃饭、睡觉等这些事情的时间，我们实际上用于自己感兴趣的事情上面的时间少之又少。如果在这些少之又少的时间里面再加上忧虑这一项，那我们的生命实在是背负的太多。我们忘记忧虑可以过得更加地幸福，我们与忧虑纠缠不休则会过得很沉重，既然如此，那为什么不选择更加幸福的生活呢？

快乐的方法很简单，那就是，不为自己做不到的事情而发愁。

——卡耐基

接受不能改变的事实

小时候，卡耐基总是和朋友们到处去玩。有一次，他们来到一间老木屋的阁楼上，这里已经废弃多年，无人居住。玩得正高兴的时候，卡耐基从阁楼上跳了下来，谁知，一个钉子挂住了他左手无名指上的戒指，硬是拽掉了他整个手指。那时，他几乎疼死，而且吓得够呛。

不过，等到手一好，他也就没事了，并没有为此愁个没完。小卡耐基知道，既然已经这样，自己只能接受这个残缺的手指。

长大后，卡耐基根本不在意自己的左手是否缺了个手指。

卡耐基经常想到一句话，它就刻在荷兰首都阿姆斯特丹一个15世纪的教堂废墟上："既然是这样，就不会变成别的样子。"轻松面对无法逃避的事实，我们要像杨柳沐浴风雨、水能适应各种容器一样，接受所有的事实。

人生的旅途是漫长的，我们都有遇到不如意的时候，虽然事实无法改变，但是我们的态度可以改变。或者承认自己无法逃避，直接去面对它，接受它；或者不停地忧愁，最后，让它毁掉自己。

人生的第一课，从来都是学会顺应环境。很明显，环境的好与坏，不能决定我们的悲与喜，关键是我们面对不同遭遇的心情，只有它才能决定我们的快乐与悲伤。

在关键时刻，我们不仅能忍受一切，而且还能回击它们。我们潜在的能力是难以估计的，假如我们愿意去开拓，那么在它的帮助下，一切困难都将被我们打败。我们无法改变客观世界，但是我们能够让自己改变。宿命论是不科学的，我们也并非要在任何磨难面前都俯首贴耳。不管遇到什么情况，只要还有希望，我们就不能放弃。但是，生活教会我们——假如将来的必定要到来，没有任何的回旋余地，那么，清醒的做法就是"不瞻前顾后，不庸人自扰"。

倘若我们不能忍受一切，起身向磨难宣战，那么，我们心里就会矛盾重重，忧虑、不安、焦急、敏感也会接踵而至。

汽车轮胎不仅要有持久的耐力，而且要能够抗拒颠簸。汽车轮胎的发明者想让它不怕路途之中的颠簸。结果，轮胎变成一条一条的。最终，理想的轮胎出现了，它能够吸收路上遇到的各种压力，能够"忍受一切"。

卡耐基用了八年的时间，一心寻找和阅读所有可以看到的、能对摆脱忧虑有所借鉴的书籍和文章。其中，他得到的最有价值的忠告是纽约联合工业神学院实用神学教授——雷恩贺·纽伯尔所提供的祈祷词：

请赐予我内心的安宁，

以面对既成的事实；

请赐予我力量，

以变更我能变更的；

请赐予我睿智，

以看清它们的不同。

卡耐基思想精华：

既想拒绝无法逃避的事实，又想开始新的生活，这是绝对不可能的。任何人的情感与精力都难以同时应付它们。只有一种选择：或是在那无法逃避的狂风暴雨下，低下头继续生活；或是与之抗争，最后粉身碎骨。

在人际交往中，我们需要保持一种正常的心态，承认自己在某一方面知识的欠缺，并不是羞耻的事。

——卡耐基

剥开虚荣的画皮

某个夜晚，青年会的一间教室里，卡耐基正在给学生们上课。在讲到演讲时声音的运用时，一个学生问了一个问题："老师，为什么气沉丹田可以发出很洪亮的声音？"卡耐基想了想，认真地回答道："老实说，我也不是很清楚。请允许我回去查查资料之后再给你解答，好吗？"

谁也不会主动承认自己的无知，因为这样会被人瞧不起。即使是遇到不明白的事情，在虚荣心的作用下，人们往往也会不懂装懂，以此来维护自己的完美形象。然而，卡耐基并没有不懂装懂，他坦白地承认了自己不知道这个问题。

可是在生活中，经常会有这种人，他们会在某一个细枝末节上高谈阔论，借机显示自己的学识。或者是当听到别人在讨论某一个问题时，他们就迫不及待地发表自己的观点，不论他们此前对这种问题有没有做过研究，他们只是想要达到一个目的：用一张虚荣的画皮将自己包装成为一个什么都懂的专家。

无所不知，恐怕只有仁慈的上帝才能做到，这是人世间的人所无法做到的。现代社会的信息量尤其丰富，专业细分的程度很深，任何人都不能做到通晓万物，即使是触类旁通也是困难的，再说人的精力也是有限的。

关键是，那些好大喜功、以天才和专家自居的人，身无所长，也不可能在任何一点上都有过多的研究和专注。可以想象，他们可能什么都知道一些，但绝对是皮毛般的肤浅。他们本来就不想在某一方面浪费太多的精力，他们只是想做到处都能炫耀的表面文章。实际上，这一张虚荣的画皮就代表着无知和愚昧。

在实际工作中，这些不懂装懂的无知之辈总会抱怨："这工作真没挑战性。"其实，他们的真实想法是："可恶，我怎么什么都做不来。"这些人渴望少年成名，但又厌恶踏实地学习，从不愿意开口寻求帮助，因为那样会被人"轻视"。所以，他们不得不装出一副什么都懂的样子。

我们更愿意和那些貌似平凡，但内心充实并学识渊博的人交往。和他们交谈，你会很快被他们那朴实的语言和深邃的思想内涵所折服。他们真诚、坦率，感染着周围很多的人，他们不夸夸其谈，不喜欢用复杂专业的词汇，他们和朋友们真诚地相处，而并非相互吹捧。我们欣赏这些人，我们信服"近朱者赤"，我们情愿去学习我们所不熟悉的新知识、新领域。即使自己在某一方面很专业，也要用很谦逊的风格来展示，这样才能以理服人，并赢得别人的尊重。

在人际交往中，我们需要保持一种正常的心态，承认自己在某一方面知识的欠缺，并不是羞耻的事。一味地为了脸面而自我吹捧，在被揭穿之后，就会真正颜面扫地，被人指责为无知和虚伪。在现实生活中，虚荣的人很多。这些虚荣的人不管别人说什么都要插一句，表明自己什么都懂。明明是发生在别人身上的事，到他嘴里就变成是他自己的事了。

其实，我们不是万能的，犯了错误被别人指正，是件幸运的事。不要马上去找借口来掩饰错误，世上没有万能的人，太完美就代表着不真实。与其放弃自我的尊严和应有的基本的诚实来获取表面的和暂时的虚荣，还不如大大方方地承认自己不知道并谦逊地请教对方答案。

卡耐基思想精华：

我们总是喜欢谦虚的人，讨厌自以为是、胡编乱造的人。所以，如果我们做不到无所不知，那么不妨谦虚地低下头来，做一个谦虚请教的人。

如果不能消除忧虑，我们至少能将忧虑减半。

——卡耐基

将忧虑减半的神奇方法

卡耐基在做推销员的时候，工作热情很高，对这个行业充满了希望。但是，越做越熟练之后，他开始发现这种高昂的热情在渐渐地消散。后来，在一天的推销工作完成之后，他突发奇想，想要弄清楚自己到底在为了什么而忐忑。

第一次，他问自己："出了什么问题？"他的回答是："我向许多人进行了推销，业绩却不像想象中的那么好。有时，明明已经和客户谈妥了，到了最后的关头，他们又变卦了：'我还是好好想想，以后再联系吧！'这样就等于前功尽弃，因此，我开始怀疑自己的业务能力。"

第二次，他再问自己："可以解决问题的方法有哪些呢？"这个问题无法立刻回答，于是，他将自己过去的工作记录拿出来，细细研究上面的数字。结果他发现初次见面达成协议率、第二次见面达成协议率、第三次见面达成协议率、第四次见面达成协议率……第N次见面达成协议率是递减的。

第三次，他又问自己："该采取什么行动呢？"事实上第二个问题的答案已经告诉他：那些超过第二次的联系，必须终止，把剩下来的时间用在联系新客户上。后来卡耐基的业绩成为那个公司所有推销员中的第一名。

后来，当卡耐基开设卡耐基课堂之后，他将自己从这段不为人知的推销经历之中得到的启发正式归纳为"将忧虑减半的四个步骤"，即：

第一步，出了什么问题？

第二步，是什么引发的问题？

第三步，哪些方法有可能解决问题？

第四步，你认为哪一种方法最行得通？

有的时候，人们宁愿开一两个小时的会议来讨论问题，可是真正的问题在哪里却没人知道。有的时候，人们只知道自己正在为某件迫在眉睫的事情而焦虑，却不知道引发这件事情的原因是什么。有的时候，人们只会在忧虑之中更加焦虑，而不会去寻找可行性的解决方案。有的时候，人们得到了解决方案只是一个一个方案地尝试或者盲目地多管齐下，却不进行妥善的评估以得到最适合此时此刻的方案。

卡耐基对于欲望、挣扎、忧虑、痛苦等这些都曾有过刻骨铭心的体会。他经常为了工作，处于一种极限的状态。就像一只气球，不断地被充入气体，当达到极限状态时就会面临爆炸的危险。每当卡耐基感觉到自己快要爆炸的时候，他便会运用这种忧虑减半的四个步骤，从而减轻忧虑。正因为释压有方，卡耐基无论处于怎样的困境，最终都会斗志昂扬。

所以在我们陷入困境的时候，不必怜悯自己，不必为过去流泪，不必羡慕那些幸运的人。每个人的生命都是一个过程，不同的是，这个过程在不同程度上不一样而已。生命过程有真实的心血眼泪，才能说明我们真实地活过。有的人把生命的佳酿尝了个遍，有的人只能算是尝到了杯子口上的一点点。

与其在困境之中希求他人的援手，还不如运用这四个步骤寻求自救之道。与其在困境之中自怨自艾，沉迷于痛苦、悲惨的过去，还不如珍惜当下，好好利用当下的时间寻求改变。

卡耐基思想精华：

亚历克斯·卡瑞尔说："不知道怎样抗拒忧虑的生意人都会短命而死。""出了什么问题？"——"是什么引发的问题？"——"哪些方法有可能解决问题？"——"你认为哪一种方法最行得通？"这个神奇的四步骤能让我们的忧虑神奇地减半。

人们感到孤独、寂寞，大部分是因为他们总是以为爱情和友情会从天上掉下来。如果你想得到别人的好感，或是被人认可，必须付出很多很多的努力才行。

——卡耐基

拒绝被孤独传染

从学校拿到证书时，卡耐基知道自己毕业了。他只身来到纽约，准备大展宏图。这位青年英俊潇洒，受过良好的教育，也颇有阅历，他自己也认为自身的条件不错。安顿妥当的第一天，他参加了一个销售会议。夜幕降临的时候，他突然感到孤单。他不喜欢独自一个人吃饭，不喜欢一个人去看电影，他也不想去打扰已经不是单身的朋友。当然，他希望能碰到一个好女孩，但不是随便去酒吧带一个女孩出来。结果，他独自度过了寂寞凄凉的夜晚。

很多年后，卡耐基回忆起那个夜晚都会觉得很悲凉。而他也终于明白，他是可以拒绝那种孤独的。

现代社会越来越进步，医学也越来越发达。可是，我们的社会之中却迅速出现了一种传染疾病——身处人群之中，却非常的孤独。在现代社会，孤独并不是鳏夫或寡妇的专利。不管是单身汉还是不可一世的女王，不管是城市之中的过客还是乡村之中的浪子，同样会产生孤独感。现代的人们似乎成了孤寂的群体。政府和各种企业又使大家的工作地点不断转换，生活在这种毫无固定性可言的世界之中，人们没法保持固定的友谊，就好像我们进入了一个冰河时期，心灵感觉孤独和寒冷。人是群居动物，心理学上一般鼓励大家去交往，这样可以减少很多心理负担，促进宣泄，使人有信心。

古往今来人们都是害怕孤独的。这就像是上帝创造人类时定下的规则。假设在黑暗里，你能看见我的存在，死亡后，你我也能谈笑风生，我们又何惧黑暗与死亡？我的悲伤与失落，这些都是因为我是孤独的，它们都是我孤独的情绪。旅途中，有了陪伴，生命才不再会悲伤和低落。反之，始终都是一个人的存在，那将会如落叶那样，处处充满凄凉与悲伤。

那么，如果我们想要摆脱孤寂，必须先丢掉自我怜悯，鼓起勇气走向充满阳光的人群。我们必须去结识别人，交新的朋友。不管走到哪里，都要高高兴兴的，将快乐拿出来同人分享。现代社会的城市化进程越来越快，生活在城市里会让人觉得比在小乡村还要孤独。我们必须要用些心思交朋友，特别是要想清楚自己下班之后如何度过。当然，与我们在一起的应该是有共同兴趣的人，可是在此之前，你必须先将友谊之手递过去。

到俱乐部里去，到社区里去，到同好会中去……都是结识别人的好机会。可是，如果我们只是独自去餐厅吃饭，或跑到酒吧一个人喝酒，那么将得不到友情，只会被孤独侵蚀。

因此，如果你想摆脱孤独、寂寞，一定要记住：不能等着别人把幸福送上门来，一定要通过努力让对方需要你、喜欢你。

卡耐基思想精华：

不管是爱情、友情还是幸福的生活，都是任何形式的契约或者诺言所无法保证的。不能等着别人将幸福送上门来，一定要通过努力让对方需要你、喜欢你。我们若想克服孤独，就必须远离自怜的阴影，勇敢地走入阳光的人群。所以，拒绝被孤独传染的妙方是：去结交新的朋友。

年轻的人，或者是不够成熟的人，总是担心自己跟别人不一样，不管是衣着、举止、说话的方式还是思维的模式，全都按照自己周围人的标准来才觉得可以。

——卡耐基

不要盲目追随任何人

有一次，卡耐基去参加一个聚会。在聚会中，大家谈到一个近来的焦点问题，在场的人都表示对某一个观点很赞同，只有卡耐基微笑着保持沉默。

"嘿，卡耐基，我们很想听听你的看法。"一个卡耐基的熟人大声说道。

人们的目光随着那个声音聚集到那个用残缺的食指捏着高脚杯的人身上。

"呵呵……也许我有不同的意见……本来我是不想说的，因为我跟你们的立场有些不同，怕破坏了这个美好的聚会。可是，既然你们问了，我也会诚实地回答。"于是，他将自己的见解简单地做了说明。大家听了立即沸腾起来，纷纷向他抛去不同意见。他在自己的立场上从容应对，毫不妥协。结果令人感到非常有意思，虽然大家都坚持着各自的观点，可是对这个具有渊博的学识、善辩的口才，以及神采间毫不掩饰的自信的人，他们由衷地钦佩。

当人们知道卡耐基在做卡耐基教程的时候，纷纷打听相关细节并表示很想报名参加。结果，充满自信的卡耐基又吸引了一批学员。

类似的场景我们每一个人也许都经历过，可是大家都习惯追随与沉默，而很少表达自己的观点。现在这个时代，专家泛滥。我们已经形成了凡事依靠专家的习惯，所以渐渐地对自己没有了信心，对很多的事情都难以发表自己的观点，也不再坚持自己的信念。其实，所谓的权威和专家之所以能让我们记住他所在的领域，是因为我们给了他们这样的权力。

当然，在身处陌生的环境，也无可借鉴的时候，我们最好按照周围人的标准去做。等到我们有了足够的经验和信心，再按照自己的信念和标准去做。如果还没有弄清楚状况就贸然行事，肯定是非常愚蠢的。

适应环境，而不是让环境适应你，似乎已经成了现代社会人们的生存法则。为了确保安全，大家适应着各种环境，最终被环境奴役。

想要坚持己见，不人云亦云，并不像说说那么简单。大多数人为了安全，宁肯随波逐流，也没有勇气站出来表示自己跟大家不一样。可是，我们往往意识不到这样的苟且偷安有多么的虚伪。大众心理是经不起任何风吹草动的，人们更多的是在观望什么是主流观点，并时刻准备着去追随。

有的人的观点很特别，觉得凡是不从众的人往往都很怪异，喜欢标新立异，显得自己很与众不同。其实，我们也并不认为留着怪异发型，或者光脚走在大街上的人，就是向往自由的成熟人；相反，我们会觉得他们如同引人观赏的猴子，不懂得文明的含义。

对没人坚持的原则进行坚持，是很难的；不随便盲从于大家的原则，是很难的。要在众多的攻击下坚持自己的信念，不仅需要勇气，还需要技巧。

毫无疑问，卡耐基坚持了自己的观点，在大家都对那个主流观点表示赞同的时候，他首先是保持沉默。这种沉默其实是在表示：我们大家对同一件事情可以有不同的观点，你们的观点是有道理的，我尊重你们的观点。当有人问起他的观点的时候，他选择了诚实地回答，不是人云亦云，也不是继续保持沉默。

当然，要做到像卡耐基那样的自信，是需要丰富的知识积淀以及成熟的沟通技巧的，这是当人们对你的观点质疑时能从容应对的前提。如果对自己的知识积淀不自信，或者认为自己的沟通技巧还有待提高，那么你可以选择虚伪敷衍：表面上附和，内心里则坚守自己的信念。如果你有足够的勇气，那么不妨明确地表达出自己的观点。当然，只是表达而已，当人们的质疑抛来时，你可以选择性地进行解释，或者说："您的观点也很有道理，我尊重您的观点。"

但是，如果连内心都在别人的观点与自己的观点之间徘徊，那就需要好好地思考一下自己内心的真实想法并找到它。只有这样，我们才能知道自己想要什么，才能弄清楚自己该往哪个方向努力。

卡耐基思想精华：

对没人坚持的原则进行坚持，是很难的；不随便盲从于大家的原则，是很难的。要在众多的攻击下坚持自己的信念，不仅需要勇气，还需要技巧。

如果你感到不快乐，那么唯一能找到快乐的方法，就是振奋精神，使行动和言辞好像已经感觉到快乐的样子。

——卡耐基

给自己积极的心理暗示

有一次，卡耐基协助罗维尔·汤马斯主演一部关于艾伦贝和劳伦斯在第一次世界大战中出征的著名影片。他和几名助手在好几处战事前线拍摄了战争的镜头，用影片记录了劳伦斯和他那支多彩多姿的阿拉伯军队，也记录了艾伦贝征服圣地的经过。他那个穿插在电影中的演讲——"巴勒斯坦的艾伦贝与阿拉伯的劳伦斯"，在伦敦乃至全世界都大为轰动。在伦敦取得盛大成功之后，又很成功地周游了好几个国家，然后他花了两年的时间，准备拍摄一部在印度和阿富汗生活的纪录影片。当罗维尔·汤马斯面临庞大的债务以及极度失望的时候，他很关心，可是并不忧虑。他知道，如果他被霉运弄得垂头丧气，他在人们眼里就不值一钱了，尤其是他们的债权人。所以他每天早上出去办事之前，都要买一朵花，插在衣襟上，然后昂首走上牛津街。他的思想积极而勇敢，没有被挫折击倒。对他来说，挫折是整个事情的一部分——是你要达到事业高峰所必须经过的有益训练。他的心理素质是非常坚强的，经过一番奋斗，他终于摆脱了困境。

处理好人际关系须遵循多方面的规则，卡耐基已为我们提出了许多有益的建议。但是，就自我而言，心理上的积极暗示也是非常重要的，它能帮助自己走出困境。

卡耐基认为他所学到的最重要的一课是：思想的重要性。只要知道你在想些什么，就知道你是怎样的一个人，因为每个人的特性，都是由思想构成的。我们的命运，完全取决于我们的心理状态。爱默生说："一个人就是他整天所想的那些。"你我所必须面对的最大问题——事实上也是我们需要应付的唯一问题——就是如何选择正确的思想。如果我们能做到这一点，那么就可以解决所有的问题。曾经统治罗马帝国的伟大哲学家巴尔卡斯·阿理流士认为，"生活是由思想构成的"。

的确，如果我们想的都是快乐的念头，我们就能快乐；如果我们想的都是悲伤的事情，我们就会悲伤；如果我们想到一些可怕的情况，我们就会害怕；如果我们想的是不好的念头，我们恐怕就不会安心了；如果我们想的是失败，我们就会失败；如果我们沉浸在自怜里，大家都会有意躲开我们。

这么说是不是暗示对于所有的困难，我们都应该用习惯性的乐天态度去对待呢？不是的。生命不会这么单纯，不过大家应选择正面的态度，而不要采取反面的态度。换句话说，我们必须关切我们的问题，但是不能忧虑。关切和忧虑之间的分别是什么呢？关切的意思就是要了解问题在哪里，然后很镇定地采取各种步骤去加以解决；而忧虑则是发疯似地在小圈子里打转。

当你被各种烦恼困扰着，整个人精神紧张不堪的时候，你可以凭自己的意志力，改变你的心境。这可能要花一点力气，可是秘诀却非常的简单。

如果你感到不快乐，那么唯一能找到快乐的方法，就是振奋精神，使行动和言辞好像已经感觉到快乐的样子。

绽放一个很开心的笑容，挺起胸膛，好好地深吸一大口气，然后唱一小段歌，或者吹吹口哨，哼一段歌也可以。你就会很快地发现，当你的行动能够显出你快乐的时候，根本就不可能再忧虑和颓丧下去了。所以，卡耐基认为，如果让自己觉得开心、充满勇气而且健康的思想能拯救一个人，那么你我为什么还要为一些小小的不快和颓丧而难过呢？如果让自己开心就能够创造出快乐，那又为什么让我们自己和我们身边的人不高兴呢？

你习惯于在心理上进行什么样的自我暗示，就是你贫与富、成与败的根本原因。因而，我们一直强调，发展积极心态、走向成功的主要途径是：坚持在心理上进行积极的自我暗示，去做那些你想做而又怕做的事情，尤其要把羞于自我表现、惧于与人交际，改变为敢于自我表现、乐于与人交际！

积极的心理暗示会让你鼓起信心和勇气，抓住机遇，采取行动，去获得财富、成就、健康和幸福，也会让你排斥和失去这些极为宝贵的东西。

人类的本性中有一种强烈的倾向，就是希望能彻底变成自己想象中的样子。我们生活在世界上，每天都接受大量信息，有正面的也有负面的。经常接受负面暗示的人容易灰心沮丧，一生无所作为；而接受正面暗示的人则倾向于表现出激动的心态，百折不挠。卡耐基认为，人可能会"条件反射"地受到某种定性的思维、行动以及结果的禁锢。正是对自己的负面暗示，使我们放弃了努力，殊不知机会已经悄然降临。所以我们只要主动接受正面暗示，排除负面暗示，用正面暗示武装自己，天天练习，就会使自己充满信心。

卡耐基思想精华：

詹姆士·艾伦说："一个人会发现，当他改变对事物和其他人的看法时，事物和其他人对他来说就会发生改变——要是一个人把他的思想朝向光明，他就会很吃惊地发现，他的生活受到很大的影响。一个人所能得到的，正是他们自己思想的直接结果。有了奋发向上的思想之后，一个人才能兴起、征服，并有所成就。如果他不能奋起他的思想，他就永远只能因衰弱而愁苦。"所以让我们记住威廉·詹姆斯的话："通常，只要把受苦者内心的感觉，由恐惧改成奋斗，就能把大部分我们所谓的邪恶，改变为对你有帮助的好处。"

任何一个人的生活经历都是独特的、唯一的。虽然我们身体的本质是一样的，可是上天所赋予我们的生命则奇妙地呈现出各种各样的状态，就像是玫瑰园里的花朵，没有哪两朵是完全一样的。

——卡耐基

你无可替代

卡耐基非常喜欢园林艺术，他家里有一个比较大的玫瑰花园。一天，他正在玫瑰花园中流连，脑子里忽然冒出一个念头："玫瑰花们乍一看都差不多，可只要细细观察就会发现，其实每一朵花都不一样。即使同一个类型的，都有着这样那样的差别。像花瓣卷曲的程度、颜色的深度等，总有细微的差别。"

花是这样，人又何尝不是呢？

经历完全相同的两个人是根本不存在的，每个人的境遇都与别人不一样，每个人的禀赋也各不相同。虽然我们身体的本质是一样的，可是上天所赋予我们的生命则奇妙地呈现出各种各样的状态，就像是树上的叶子，没有两片是完全一样的。任何人都是一个独立的个体，每个人都有自己的禀赋。我们只有承认这一点，才能既不自大又不自卑，才能与他人和谐相处。

现实生活之中，我们根本没有把自己以外的人视为独立的个体，而只看成某个群体中的一员，毫无个性和特点而言。当然我们自己也无可遁逃，我们也成了别人的归类对象。很多对人类生活进行研究的专家们，对我们的了解简直是一清二楚：每天消费多少，家里有多少辆车，爱看什么节目，喜欢哪个电视台等。

这样的归类往往是对某类人的研究，完全忘记了人是独立的个体。个人禀赋完全荒芜了，以至于我们越来越没有自己的独特之处，与众不同的行为简直就成了一种冒险。

同时，现代人也不是完全服从于这种归类的。我们希望知道自己的过人之处在哪里。不管大众行为是怎样的，在我们内心深处还是想和别人不一样。为了摆脱束缚，表达个性，很多人不得不去咨询心理治疗专家或是精神病医师。还有一些人就用酒精、药物来麻痹自己，直至彻底崩溃。

怎样才能治好这些病呢？怎样才能让自己具备独立的意识呢？怎样才能从更成熟的角度来审视自己？卡耐基为我们提出了三点建议：

一、每天都要有静心思考的时候，以更加了解自己。

现代生活太紧张了，我们能静心思考的机会越来越少。所以，一定要给自己的心灵一些时间——想想自己，了解自己。

每个人都有自己的独处方式。去教堂静心祈祷，到大自然中去呼吸新鲜空气，静静地在一个屋里待着……不管怎么样，每天都有属于自己心灵的时间，才能更清楚地认识自己。

二、不要让习惯束缚自己。

我们总是让习惯将自己紧紧束缚起来，快要窒息了都难以察觉，必须花费巨大的力量才能将它解除。看看周围，一成不变的人们每一天都重复着一成不变的事情，在周而复始之中消耗着自己鲜活的生命，毫无新意可言。工作的成功与否，与你是否具有极高的兴致有很大的关系，因为想要获得成功，精神的作用是非常强大的。而兴致的高低则与我们的生活方式有关，如果是一成不变的被习惯束缚的生活方式，则很难让人对生活和工作产生极高的兴致。反之，打破束缚，给生活添上一点色彩，则会极大地提升我们的兴致。

三、发现那些最能让我们感到满足的东西。

兴奋状态会让我们暴露出真正的自己。兴奋能帮助我们从恶习、郁闷、压抑的状态中挣脱出来，激发我们心灵深处的力量。在通常状态下，这种力量似乎是无用的，可是一旦发生意外，它就会发挥出惊人的威力。

这三种方法能让我们了解和发现真实的自己。真实的自己必然有着不同于别人的闪光之处，这些闪光之处足以使我们越来越自信。

卡耐基思想精华：

智慧从了解自己开始，自信则从发现自己开始。如果你想保持自信的风度，那么一定要记住：你是独一无二的，你无可替代。

在公众场合发言的人，刚开始的时候没有不紧张的。但是这种紧张会在他一次一次站在演讲台上之后慢慢地消失。

——卡耐基

克服当众说话的恐惧心理

卡耐基第一次上台演讲是在学校里，他紧张到咬了舌头。当台下的学生哄然大笑的时候，他捂着嘴不知道怎么办。这一次失败的演讲让卡耐基刻骨铭心，他甚至有很长一段时间恐惧当众说话。当卡耐基又一次看到班上的同学在讲台上侃侃而谈的时候，他心里暗暗下定了决心：我一定要克服这个毛病！可是，可怜的卡耐基不知道怎么去克服这种恐惧。他想起小时候自己有一段时间很怕黑，想了很多方法都克服不了。于是妈妈就狠下心来让他一个人待在黑暗里。刚开始的时候，他怕得哇哇大哭，但是后来就渐渐地不怕了。卡耐基想，不妨将这种方法运用在克服当众说话的恐惧上吧。于是，他开始抓住当众说话的机会。课堂讨论的时候，班级小演讲的时候，学校演讲比赛的时候……他一连参加了12次演讲比赛。当卡耐基第8次站在演讲台上的时候，他发现以前的那种恐惧不翼而飞了。

对当众说话的恐惧深有体会的卡耐基，在克服这种恐惧的努力之中，归纳出了人们关于当众说话的恐惧心理的一些真相。这些真相足以令那些具有登台恐惧症的人们不治而愈。

真相之一，害怕当众说话并不是个别现象，而是一个很普遍的现象。在大学里面，初次登台感到恐惧者占百分之八九十。在卡耐基的成人班里，在课程刚刚开始的时候，登台恐惧的比例几乎达到百分之百。

真相之二，某种程度的登台恐惧感是有利的。我们天生有应付来自环境挑战的能力，因此，当你感到自己脉搏加快、呼吸急促时，不要紧张，这是你的身体对外来刺激保持警觉的反应。这时，它为即将到来的行动做准备，加入这种生理上的准备是适度的，你会因此而想得更快、说得更流畅，常常会比普通情况之下说得更为精辟有力。

真相之三，很多职业演讲者都坦白地说，他们从来没有完全去除登台的恐惧。几乎每一次演讲前，都会感到害怕，而且会持续到刚开始的几句话里。这是演讲者必须经历的磨炼。

真相之四，人们害怕当众说话的主要原因，只是因为人们不习惯。对大多数人来说，当众说话是一个不能确定的因素，于是不免产生焦虑和恐惧。特别是新手，面对一连串复杂而陌生的环境，要在这样的环境下从容应对、风度翩翩，这比学打网球或驾驶汽车困难得多。

那么，在了解到这些真相之后，我们要如何克服当众说话的恐惧心理呢？方法很简单：练习、练习、再练习。

这里的练习不仅仅是练习当众说话的技巧，更重要的是练习当众说话的心态。只有通过不断的练习，才能将不确定因素变得单纯而轻松。你会发现，只要有了演讲成功的经验之后，你就不会觉得当众说话是一种痛苦，而是一种快乐。

那么，如何练习呢？这是没有诀窍的，正如卡耐基那种实战法一样，我们害怕当众说话，那么就一次次站在人们面前大声说话。当然，当众说话必然会产生一定程度的恐惧感，第一次当众说话你也许会紧张得发抖，第二次也许还会发抖，第三次也许就会好一点……这样一次次的实战演练之后，当你站在演讲台上的时候，你会发现：咦！我怎么不害怕了呢？

经常会有很多的小册子告诉我们一些如何战胜当众说话的恐惧的小窍

门：将听众看成南瓜，加一些适度的手势，放慢语速，精力集中……但是我们也经常会发现这些小窍门实际上并不管用。其实，这些小窍门只是克服当众说话恐惧心理的辅助手段，要从根本上克服这种恐惧，只能实实在在地实战演练。

卡耐基思想精华：

人们真正应该害怕的是害怕本身。我们有足够的潜力去战胜任何恐惧。当众说话的恐惧是很正常、很普遍的，它并没有特殊到无法克服。只要我们抓住一次次实战的机会去磨炼，恐惧就会烟消云散。

假如你想一开始就给人留下良好的印象，你就应该注意你的形象，这对你得到别人的认可有着重要的作用。

——卡耐基

人需要靠貌相

外观形象到底会对我们产生什么影响？卡耐基曾经质疑过外观形象的作用，因为是金子在哪里都会发光。为了验证外观形象的作用，卡耐基做了一个实验。

他故意穿得很邋遢，以一副完全不修边幅的形象出现在讲台上给学生们授课。他以冷淡的、造作的姿势走上讲台，然后以冰冷的、平淡的声音开始授课。整个授课过程之中他偶尔会瞄一下学生，发现他们没有了往日的微笑，甚至没有任何的面部表情。在那堂课上，学生们不耐烦地扭动着身体，并且在讲台下低声交谈抱怨，他们的注意力全部集中到卡耐基的那身不合时宜的装扮上了。卡耐基在注意到学生们的这些反馈之后，心里面也开始焦躁起来，全然没有了往常上课的那种自信的风度。他甚至期待着下课铃声早点响起，好尽早逃离这个糟糕的讲台。

有了这样的体验之后，卡耐基在教授"卡耐基课程"时，也慢慢注意到一些有趣的现象：如果演讲者是位不修边幅的男士，穿着宽松的裤子、变形的外衣和鞋子，自来水笔和铅笔露在胸前口袋外面，一张报纸、一把烟斗或一罐烟草把西装的外侧塞得鼓了起来；如果演讲者是一位女士，带着一个丑陋的大手提包，皮鞋上布满灰尘，那么听众对这样的演讲者根本就没有信心，他们会认为这样的演讲者的思维就像也那头蓬乱的头发一样毫无条理。于是，观众会表现出一些不满的言语行为或者非言语行为，这些都会反馈到演讲者的心中。这对演讲者来说是一个打击，对那些鼓起了很大的勇气才登上演讲台的人则是致命的。

至于那些在演讲过程之中，语调冷淡、语音平淡、面部表情僵硬的人则更是被观众所排斥。这些排斥通过各种各样的方式反馈给演讲者，演讲者就会更加紧张与自卑，整个演讲就陷入这样一个恶性循环之中。

对于日常生活和工作中的人们来说，外观形象的作用之于他们的重要性更甚于外表之于演讲者的重要性。得体整洁的服装能给对方一个良好的第一印象，这个第一印象则会影响到对方对"面前这个人是否值得交往"的判断。

那么，我们如何给他人一个良好的视觉形象呢？

第一，穿衣打扮得体。穿衣打扮应该做到让人看着顺眼，并且符合自己的身份。衣着是他人判断我们的第一手信息，人们会依据我们的穿着形成对我们的第一印象。虽然有古语说"人不可貌相"，但是实际上人们对对方的判断首先就是从衣着开始的。

第二，热情待人，礼貌得体。热情主动待人，是要我们在交往的过程之中表现出对他人的喜欢、称赞和关心。这样做的话，对方就会更加愿意相信我们。还要注意的是，不要给人一种冷冰冰的感觉，好像很高傲的样子，这样会让人不敢轻易接近我们。另外，我们的一言一行要得体有礼，不要莽莽撞撞，没有涵养。

第三，求同存异，拉近距离。交往的第一原则就是平等。如果我们总是人云亦云、鹦鹉学舌，别人就会把我们当作一个完全没有主见的人。另外，交往还有一个原则就是相似。如果两个人有相似的思想观点、兴趣爱好或者年龄相仿，有共同语言，就很容易从心理上接受对方，消除陌生感，拉近彼此的距离。

第四，落落大方的谈吐，亲切真诚的微笑。这些都能让对方对你产生积极肯定的第一印象，对方会认为"面前这个人是值得交往的"。那么对方也会将这样的信息在你们的沟通之中透露出来，你也会因为这个信息而更加自信。

卡耐基思想精华：

当我们与人交往的时候，对方的形象会给我们最直接、最真实的感觉，而他的内涵和修养也能通过他给我们的第一印象表现出来。所以，我们尤其需要注意在与别人第一次见面的过程中，给对方留下一个良好的第一印象。

成长的秘诀很简单，那就是练习、练习、再练习。

———卡耐基

不放过任何一个练习的机会

卡耐基进入瓦伦斯堡州立师范学院后，开始了他走向成功的人生之路。

卡耐基在学校里观察到这样一个现象：学院辩论会及演说比赛非常吸引人，胜利者的名字不但广为人知，而且还往往被视为学院的英雄人物，这是一个成名和成功的最好机会。最后，卡耐基选定了目标，并开始为之不懈努力。

戴尔·卡耐基并非有演说的天赋，他参加了12次比赛，却屡战屡败。在短暂的消沉之后，他开始振作精神重新面对生活。他完全忘记了自己，也忘记了周围人对自己的评价，他所有的时间只是在做三件事：吃饭、睡觉、练习。他无时无刻不在练习着，吃饭的时候嘴里会念念有词，排队等公交的时候不断地练习自己的发音，甚至说梦话都是演说词……

有一次，戴尔·卡耐基正在练习自己的一篇演说稿，神情专注，还不时夹杂着手势。这时，附近的一位农民见此情景，以为出现了一位疯子，立即报告了附近的警察，当警察气喘吁吁地跑来时，卡耐基才明白发生了什么事。

1906年，戴尔·卡耐基以《童年的记忆》为题发表演说，获得了勒伯第青年演说家奖。卡耐基在中学时代就有过写作的梦想，这篇演说稿是他写作的一次尝试，他把自己完全假想成另外一种角色的演说稿至今还存在瓦伦斯堡州立师范学院的校志里。

戴尔·卡耐基在学院公众演说赛中的获胜，是他走向成功的新的开始。

现代社会的发展带来了激烈的竞争，我们开始需要在各种场合代表自己所处组织发言。如果我们一味地闪躲，那么我们必将被淘汰。

我们知道，在公众场合发言的紧张感是每个人都会存在的问题，这和个人的能力大小没有直接的关联。其实，我们在发言的时候，脑袋里的顾虑太多：我这个手势会不会太夸张？我接下来的观点会不会没有人接受？我的逻辑是不是不太好懂？我衣服的颜色是不是太显眼？我刚刚说错了一个词，太糟糕了……

追根究底，这些不必要的顾虑都是来自于不自信。可是，我们为什么要感到自卑？我们的发言只是在表达自己的观点而已，和我们的手势、衣服颜色有什么关系？至于我们的观点会不会被接受，这个完全是瞎想。每个人都有自己的观点，即便是人们不接受你的观点，你也可以秉持自己的观点，这一点错都没有。所以我们没有必要因为这些细枝末节而自卑。

我们需要做的是，如何在这种紧张感之中成长起来。是的，答案只有一个，那就是练习。我们不要放过任何一个练习的机会。就像卡耐基一样，他想要参见辩论会，但是被拒绝了。然而他并没有泄气，而是不断地寻找机会，就这样他参加了12次演说比赛。每一次，他都认真对待。尽管这12次比赛屡战屡败，但是他仍然没有放弃，而是时时刻刻地练习演说，无论他做什么嘴里都是念念有词，他没有放过任何一个练习的机会。实际上，他从一开始的目标就不是得到什么奖项，而是在这些比赛的过程之中练习自己在公众场合说话的能力。他认为这是最好、最快、最有效的克服羞怯、胆小和恐惧的方法。通过这些练习，他成功地将自己的弱点变成了自己的资本。

现实生活中，说话的机会到处都有，不妨去参加一些组织，从事一些需要在公众场合讲话的职务。在聚会里，站起来说两句，即使只是附议也好。开会时，千万不要躲在角落里。在上、下班的路上和陌生人聊几句，在超市里和你旁边的人讨论讨论时局。机会有很多，关键是要敏锐地发现并去做。

卡耐基思想精华：

越是恐惧的事物，越要多多接触。也许，对很多人来说，随时随地不论场合地和人交谈会是一项冒险。但是这是一项有趣的冒险，也是意义非凡的练习。这些练习会引导出你的内在潜力和敏锐的观察力，最终你会发现自己从内到外都得到了改变。

尴尬不可避免，但是我们至少能够巧妙地化解尴尬。

——卡耐基

化解可能出现的尴尬

离开大学后的两年里，卡耐基做了铁甲公司的销售员，一直在南达科塔州四处跑。一天，他在莱德菲尔，两个小时后才能搭上火车。考虑到这不是他负责的区域，并且一年后他要去纽约的"美国戏剧艺术学院"读书，所以他决定利用这两个小时来练习台词。他漫无目的地走过车场，开始演练莎士比亚《麦克白》里面的一幕。他一边猛地举起双臂，一边戏剧性地高呼："我眼前所见是匕首吗？它的把手正朝向我。来吧，让我握着你！我抓不着你，但我依然看见你！"

4名警察突然出现并将他扑倒："为什么要恐吓妇女？"

原来有个家庭主妇，在30米以外的厨房窗帘后面一直看着他，见他行为怪异便报警了。

卡耐基尴尬地向警察出示了铁甲公司的订单，并解释他是在"演练莎士比亚的戏"，警察才放他走。

多年以后，卡耐基回忆起这件事都觉得很尴尬："要是一位影星在车站排练的话，绝对不会发生这样的事情。没有人会相信一个销售员会在车站演练莎士比亚的戏。"

其实，类似这样的尴尬在我们每个人身上都会发生。演讲时，一紧张突然忘记了自己要讲什么；在推销业务时，被不耐烦的客户赶出来；公司业务排名，发现自己排在最末……在现实生活中，为了自己的梦想努力的人们，总会碰到这样那样的尴尬，我们也时常在想如何巧妙化解这样的尴尬。

后来，卡耐基为了不再在尴尬中手足无措，专门研究了如何化解尴尬的方法。他认为，尴尬的时候，可以审时度势，准确把握双方的心理，然后运用说话技巧，借助恰到好处的话语及时出面打圆场；也可以用幽默的话语转移话题，制造轻松气氛；也可以指出各方观点的合理性，肯定双方看法的合理性，找到双方都能接受的解决方法；还可以歪曲对方话里的意思，而做出双方都能接受的解释。由此，卡耐基总结出了化解尴尬的四个方法。

第一，制造幽默话题，营造轻松氛围。在交际场合中，如果某个较为严肃、敏感的问题弄得交谈双方都很对立，甚至阻碍交谈正常顺利进行时，我们可以暂时让它回避一下，通过转移话题，用一些轻松、愉快的话题来活跃气氛，转移双方的注意力，或者通过幽默的话语将严肃的话题淡化，使原来僵持的场面重新活跃起来，从而缓和尴尬的局面。如朋友之间为了某个问题争得面红耳赤、僵持不下时，可以适时地说一句"要把这个问题争得明白，比先有鸡还是先有蛋的问题还难"；或者说一个笑话，让双方的情绪平缓下来，在轻松的气氛中让尴尬消失殆尽，使交际活动得以顺利进行。

第二，找个借口，给对方台阶下。有些人之所以在交际活动中陷入窘境，常常是因为他们在特定的场合做出了不合时宜或不合情理的事情，于是就进一步造成整个局面的尴尬和难堪。在这种情形下，最行之有效的打圆场的方法，莫过于换一个角度或找一个借口，以合情合理的解释来证明对方有悖常理的举动在此情此景中是正当的、无可厚非的和合理的。这样一来，对方的尴尬解除了，正常的人际关系也就彰得以继续下去了。

第三，善意曲解，化干戈为玉帛。在交际活动中，交际的双方或第三者由于彼此言语之间造成误会，常常会说出一些让别人感到惊讶的话语，做出一些怪异的行为举止，从而导致尴尬和难堪场面的出现。为了缓解这种局面，我们可以采用故意"误会"的办法，装作不明白或故意不理睬他们言语行为的真实含义，而从善意的角度来作出有利于化解尴尬局面的解释，即对该事件加以善意的曲解，将局面朝有利缓解的方向引导转化。善意的曲解并不是单纯的和稀泥、捣浆糊，而是弥补别人一时的疏忽，消解别人心中的误解和不快，保证人际交往的正常进行，因而这是一种很有效也很有必要的交际手段。

第四，审时度势，让各方都满意。有时在某种场合中，当交际双方因彼此不满意对方的看法而争执不休时，很难说谁对谁错。作为调解者应该理解争执双方此时的心理和情绪，不要厚此薄彼，以免加深双方的差异，并对双方的优势和价值都予以肯定，在一定程度上来满足他们的自我实现心理。在这个基础上，再拿出双方都能接受的建设性意见，这样就容易被双方所接受。

尽管卡耐基归纳出了这么多化解尴尬的方法，但是他始终认为，最好的办法是用幽默化解尴尬。当然，如果想不到幽默的点子，那么就说一声抱歉，然后忘记。是啊，演讲忘记了自己要说什么的时候，微微一笑，说一声抱歉，然后说另外一个话题；被客户赶出来的时候，微微一笑，对他说一声抱歉，然后离开；业务排名末尾的时候，面对那些复杂的眼光说一声抱歉，继续工作……然后，忙碌的一天过去了，睡一觉，忘记了这些尴尬，隔天继续生活。

卡耐基思想精华：

人生既是一场旅行，也是一场冒险。在这场冒险当中，尴尬伴随我们左右，它时不时地显现出来，然后看着我们手足无措。无论是化解尴尬的四种方法，还是卡耐基钟情的幽默大法，都是化解尴尬的妙招。但是，在化解尴尬的过程之中，最关键的是我们自己要有一颗平常心。"金无足赤，人无完人"，我们免不了要在待人接物之中遇到尴尬的情况，这是很正常的事情。我们需要保持一颗"知错就改，善莫大焉"的平常心。在尴尬出现的时候，坦然面对，自然微笑，巧妙化解。

第三章

卡耐基说话办事
思想精华集锦

大千世界，芸芸众生，为人处世之道，堪称奥妙无穷。说话办事乃立足之本。人在世上，不可能独立于社会之外而生存，在生活和事业之中，怎样艺术化地说话办事，使自己有机会帮助他人，使他人能够为我所用，是生活能否幸福、事业能否成功的关键因素之一。

本章多角度、多层面、多方位地展示了卡耐基说话办事的艺术。我们可以更真切地学习到卡耐基独特的人生观，它对于引导我们的人生实践，无疑是一面高扬的旗帜；我们可以更全面地掌握应付生活的办法，挖掘出那些蕴藏在身心之中、尚未习惯加以运用的能源及财富；我们也可以抛开传统，在实际行动中重新进行自我思考，设计出一种全新的人生。

如果我们无法接受对方的要求，那么不妨拒绝。如果鉴于种种原因，我们不能直接拒绝，那么不妨拒绝得巧妙一点。

——卡耐基

说"不"的三种方法

卡耐基在做推销员的时候，有一次，他向老板提出加薪的要求。

他的老板约瑟夫说："卡耐基，我知道你是个出色的员工，对公司作出了不同于一般人的贡献，前些日子你完成了那么多的推销任务，你真的很优秀！我个人认为，确实应该给你加薪。但是，因为我们本季度整体的销售并没有达到预期的目标，所以，公司方面暂时不会调薪。如果现在单独给你一个人加薪，其他人肯定不满，公司整体的发展也会受到影响。公司一定会认真考虑你的待遇问题，因为你确实是我们公司不可多得的人才，只是我们暂时先不给你加薪，等公司整体销售业绩达到预期目标之后，我们一定会根据你的情况来给你加薪，而且一定会让你满意。"

老板的回答虽然拒绝了卡耐基加薪的要求，可是卡耐基并没有因为这样而产生消极怠工的情绪。卡耐基后来在演讲中提及，老板的这种拒绝虽然很常见，但是也很高明。

现实生活中，我们每天都要和形形色色的人打交道，他们可能会提出不同的要求。当我们不愿意答应那些不合理的要求的时候，我们就要学会如何巧妙地拒绝。在拒绝他人的时候，采用拒绝的技巧并且态度诚恳的话，会更容易让对方接受。这样，对方也就不会产生太多的不满情绪。

卡耐基通过自己以及他所了解到的身边人的体验归纳出三种巧妙拒绝的方法。

一、先同情后拒绝。案例之中，老板先是肯定了卡耐基的能力，表明给卡耐基加薪是应该的，然后再拒绝卡耐基加薪的要求。当对方向你提出一个要求的时候，你可以在语言表达上采取一种先肯定后否定的方式，这是一个通用的、十分有效的拒绝方法。用这样的方式拒绝对方，会产生完全不同于直接拒绝的效果。你首先要让对方知道你真的考虑过他的要求，拒绝他是因为客观的不可改变的原因，而且态度一定要诚恳。

二、说清楚这么做的后果。案例中，老板肯定了给卡耐基加薪是必需的，然后又阐述了只给他一个人加薪会产生的后果——"其他人肯定不满，公司整体的发展也会受到影响"。"当老板向我阐述了不给我加薪的理由，并阐明其中的利害关系之后，我要求加薪的心情似乎没有那么强烈了。"多年以后，卡耐基回忆起这件事情时评论道。

三、将处理方案改变一下。卡耐基后来表示，虽然老板拒绝了他加薪的要求，但是也提出了一个方案，即在公司达到预期季度销售目标之后会考虑加薪，这至少让卡耐基不太难接受。

当然，拒绝的原则在于以事论事，而不是针对某人。如果你想要拒绝别人，就必须将人和事分开，让别人了解你拒绝的是这件事情，而不是针对对方本人，否则很容易让对方感到难堪。用"我不能做这件事"来代替"我不能为你做这件事"，能避免对方误会你是在针对他本人。

卡耐基思想精华：

我们不可能毫无保留地接受所有人的所有要求，那么当我们想要说"不"的时候，不妨先想一想有没有更巧妙的拒绝方法。

有个简单的问题可以帮你确认，你认为合适的题目，是否适合当众谈论。你问问自己，如果有人站起来直言反对你的观点，你会不会有百分之百的信心与热情激烈地为自己辩护？如果你会，你的题目就一定适合。

——卡耐基

随时充满热情

1926年，卡耐基到瑞士的日内瓦参加国际联盟第七次会议。卡耐基发现几乎每一个演讲者上台之后都是死气沉沉地读自己的手稿。这在卡耐基看来是演讲者的大忌。卡耐基没有继续他们这种呆板的演讲方式，而是轻松上阵，没有携带任何纸张或字条。他专注于自己的演讲主题，并通过手势来强调他的观点。他与众不同的演讲使听众了解到了真正富有热情和活力的演讲。

卡耐基不仅在他自己的演讲中强调热情，还大力倡导人们在生活之中保持热情。如果有人抱怨："我对什么事情都提不起劲，我过的是平凡单调的生活。"卡耐基便会表现出很感兴趣的样子问他："你闲暇的时候都做什么？"等到对方开始对自己喜爱的话题有了兴趣之后，卡耐基又会热情地邀请："为什么不对我谈谈这个话题呢？我觉得挺有意思的。"通常，在这之后，对方便会对他知无不言，言无不尽。

现代社会中，我们看见的是越来越快的步伐，几乎已经没有人会在公交或地铁上与邻座的人闲聊几句。因为人们在生活之中首先考虑的是效率，所以，无论是演讲还是交谈，我们大都可以看到双方似乎只是嘴巴一张一合蹦出来冷冰冰的词语。这样的互动是死板的，是没有灵魂的。如果我们想要传达某一信息，并且要确保对方能够听进去，那么，我们自己首先就要对这场沟通充满热情。

那么，如何让对方也同我们一样充满热情呢？正如卡耐基所演示的那样，首先要让自己随时充满热情，然后主动地寻找对方所感兴趣的话题，最后吸引对方谈论其所感兴趣的话题。到这里，就形成了一个双方都对这场沟通充满热情的局面。

当然，也有很多人无法做到随时充满热情，因为他们太在意事情的结果，而忽略了过程之中的快乐。现在的工作如果能够完成我的梦想，或者使自己拥有完成梦想的能力，那么我就应该好好去计划，一步步去完成，从无到有，从模糊到清晰。在每一步计划完成的过程之中，我们经历了什么？我们收获了什么？团队的合作，他人的鼓励，坚持的力量，甚至是每一个早安的问候，都是我们在这个过程之中享受到的生命的密意。这些难道还不能构成我们充满热情的条件吗？

也有人因为困难而磨灭了热情。如果遇到困难走了弯路，一定不要忘了我们虽然走了很长的路，但同时也领略了很多独特的风景。这将是人生宝贵的财富，甚至比一个圆满的结果还要宝贵。我们通常会因为庸俗的言论、冷漠的面孔而消磨了热情。因此，我们也就无法注意到背后那些默默的支持。

还有人说自己的压力太大了，能得过且过就不错了，哪还来那么多的热情？的确，现代人总需要面对不同的压力，工作或者生活中的压力，总是让人透不过气，这时，不妨和朋友聚聚，倾诉倾诉自己的烦恼。当你感到工作压力很大时，不妨看看喜剧片，大笑几声；或者看看悲剧片，大哭一会儿。当然，我们不能使所有的事都按我们的意愿运行，但我们可以安排好自己的时间表，给自己留出喘息的时间。

卡耐基思想精华：

随时充满热情，不仅能够感染别人，也能使自己充满活力。没有人喜欢和死气沉沉的人打交道。所以，每天起床之后，不妨先看看镜中的那个自己眼中的神采还有多少，提醒自己要随时充满热情。

即使是批评他人也要真诚也表达，这样不会给别人被嘲笑的感觉；而赞美别人也同样需要真诚，绝不是没有原则地阿谀奉承。

——卡耐基

以真诚赢得共鸣

在推行节俭运动期间，卡耐基到美国银行学会纽约分会训练了一批人，其中有一个叫卡尔的人无法和听众进行沟通。卡耐基发现很难用一般的方法与这个人进行沟通。

卡耐基发现卡尔对他们的谈话几乎没有兴趣，于是他换了一种沟通方法。他先是诚恳地问了卡尔一个问题："嘿！卡尔，你对自己的题目感兴趣吗？"

"呃……也许吧……"卡尔没有肯定，也没有否定。

"这样吧，你先放松下来，静静地反复想几遍自己的题目，相信我，最后你一定会对你自己的题目产生热忱的。"卡耐基真诚地注视着卡尔的眼睛，承诺道。

卡尔半信半疑地闭上眼睛，开始反复思考自己的题目。当他终于睁开眼睛的时候，他开始对自己的题目有了一份自信："纽约'遗嘱公开法庭记录'显示，百分之八十的人去世时，没有能给自己的亲人留下分文，只有百分之三点三的人留下一万或更多的贻产。所以，我现在不是在去求别人的施舍，也不是在要求别人做根本无法做到的事情，我只是在替这些人着想。"

"是的，你只是要使他们老了衣食无忧，过上舒适的生活，并且留给妻儿保障。你知道，卡尔，你是在从事一项了不起的社会服务，你是一名肃清时弊的战士！"卡耐基真诚的语言里是对卡尔工作的肯定。

最终，卡耐基以自己的真诚唤起了卡尔的真诚。卡尔终于热血沸腾起来，他真诚地认为自己的题目是有益于社会的，他在做一项了不起的事业。

凡是交流都由三种因素构成：说话者、谈话内容和倾听者。真正成功的交流需要考虑的因素是：说话者必须使倾听者觉得，他所说的内容很重要。他不仅要对这个话题有很强烈的热情，还得把这种热情传给听者。历史上著名的雄辩家，都具有这样的老王卖瓜术，或者是福音传播术。

高明的说话者热切地希望听众感觉到他所感觉到的，同意他的观点，去做他以为他们该做的事情，分享他的快乐，分担他的忧苦。他以听众为中心，而不是以自我为中心；他明白自己演讲的成败不是由他来决定——它要由听众的脑袋和心灵来决定。

如果没有真诚，无论多么契合美学的弧线也难以吸引听者的注意力。如果我们想要吸引对方的注意，最好的做法就是真诚。那么，如何才能表现自己的真诚呢？

就像卡耐基在为卡尔解忧的过程中所表现出来的那样，他首先言之凿凿地叙述了卡尔的题目的社会意义，然后又引导卡尔发现自己题目的社会需求，论之有据。而在整个谈话过程当中，卡耐基都是认真地看着卡尔的眼睛，诚挚地表达着自己对卡尔选题的看法。无论是言之凿凿，还是论之有据，都是卡耐基真情实感的表达。

"一个孩子跟死亡之间只有一颗花生米的距离。这真是世界上最悲惨的事情，希望这样的惨痛记忆永远不要再现。请大家想象一下吧，当有一天你在雅典一个被炸得千疮百孔的工人居住区里时，听到孩子们凄惨的声音，看到他们哀怜的眼神，你会是怎样的一番感觉？"

"女士们、先生们：我很希望你们每个人都能够捐出5美元，这是我来这里的主要目的。"

以上两种说法，哪一种更能打动你呢？很显然，前一种说法是发自肺腑的真情实感。

所以，最好的做法是有真情实感、言之凿凿、论之有据。真情实感，就是在你说话的时候不是将词语一个一个地说出来，而是发自肺腑的情感的表达；言之凿凿，就是讲话要合情合理，而不是让对方感觉到你在狡辩；论之有据，就会让人感觉到你说的正是他们所关心的东西，而不是在夸夸其谈。这是真诚说话的三个重要因素。

很多人以为只要自己所表达的意见是正确的，其他的方面都不重要。这是一种错误的想法。它极易引起听者的共鸣。而后一种说法则很明显地将一件好事变得让人们厌恶。

卡耐基思想精华：

真诚既拉近了双方的距离，也表现了我们的真情实感。我们内心里的真实感情的流露能使对方感觉到我们对于这次交流的认真，同样的，对方也会给我们真诚的回应。这是一次成功交流的开始。

演讲者在演讲之前，不要面对听众坐着。你以崭新的姿态到达会场，不是要比听众眼中的老形象好一点吗？

——卡耐基

保持良好的姿态

卡耐基所上的第一堂演讲课，是美国中西部一所学院的院长亲自教授的关于演讲姿势的课程。院长告诉他，应该让两臂轻垂于身体两侧，手掌朝后，手指曲起一半，大拇指轻触大腿。然后院长又教他手臂举起，划出优美的弧线，好让手腕优雅地转动，接着再将食指张开，依次是中指、小指。当这整套合乎美学的、装饰性的动作完成之后，手臂要回到方才的同样优雅但不自然的曲线，再度放于双腿的两侧。整个表演显得虚假而装模作样，既没有意义，也不合情理，更不真实。而院长则认为，他所教的这一套是别处学不来的。

卡耐基后来认为，这堂课不仅对他毫无用处，而且观念错误，非常有害。因为这位院长没有教他要创造一套独特的适合于自己的动作，也没有鼓励他培养使用手势的感觉，更没有告诉他使用这些姿态时要注入生命的活力，让它显得自然。院长没有要求卡耐基放松心情，学会自动自发，突破保守的外壳，像正常人一样谈话和行动。相反，那整套表演就像一个机器人一样，一个命令一个动作，死板得让人不想多看一眼。

"爱美之心，人皆有之"，人们对于优美的迷恋在日常交往之中也有体现。相对于面部表情僵硬、身体语言呆板的人来说，人们更喜欢和表情柔美、姿势优雅的人打交道。因为和这些人打交道似乎是在传达"我和对方一样，也是一个优雅的人"的信息。那么，什么是良好的姿态呢？我们要如何表现良好的姿态呢？

有关如何良好地表现姿态的书籍有很多，但是你想学习的姿态必须自己去揣摩。姿态只是一种在用语言表达自己内心真情实感的时候，辅以更好的表达自己某种情感的非言语行为。所以，独特的姿态来自于我们的内心情感。那么，从自己的内心出发，根据自己的思想和兴趣去培养属于自己的、自然的、独特的姿态，才是让听者耳目一新的良好的姿态。

唯一有价值的手势是你天生就会的那一种，刻意去加以美化或者使其变得更优雅则会显得不伦不类。每个人都顺其自然，则每个人的手势都会有所不同。

基于以上观点，卡耐基也提出了一些建议。

首先，不要重复使用一种手势，因为这会让人感觉到枯燥、单调。

其次，避免做短而急促的动作。因为这样急促的动作会吸引对方的视线，而忽略谈话内容。如果你喜欢使用手势，那么这个手势请不要结束得太快。如果你用食指强调你的想法，一定要在整个句子中维持这个手势。

最后，人们偏好肩部动作。

对于不习惯在说话的时候运用姿态的人来说，以上建议可以在练习的时候忽略。相反，在练习的时候，我们需要强迫自己做出手势，练习的次数多了，我们的手势就会自然而然地流露出来。

卡耐基还给出了运用良好姿态的最好说明：

装满桶子。

敲掉塞子。

让自然跳跃。

卡耐基思想精华：

请合上书本，因为你是无法从书上学会手势的。当你演讲的时候，你的冲动和欲望才是最值得信任的，比任何教授所能告诉你的任何指示都更有价值。

每一天对你来说都是全新的开始，你所面对的都是一个全新的自己，为这一点感到庆幸吧！把你的天赋都发挥出来。

——卡耐基

体现自己的特色

卡耐基曾经有一个梦想——做一名演员。为了这个梦想，他从密苏里的玉米地来到了纽约准备考取美国戏剧学院。卡耐基当时认为成功没有人们想象之中那么难，成功是有捷径可走的。卡耐基的捷径是什么呢？他认真地研究了那些有名的演员，把这些名演员的优点一一列举出来，并且想办法集中到自己身上。经过几年的实践，他发现这个方法是如此的愚蠢，因为："我无法成为任何人，我只能做自己。"

然而，这一场痛苦的经历并没有使卡耐基觉悟。几年之后，他准备出一本关于演讲的书。他打算汇合别的书的设计、内容，出一本书。他搜集到许多与公开演讲有关的书，用了整整一年的时间向它们进行借鉴，融进自己的文章里。最终，他发现，这样写出来的文章，等于是在重复别人的观点，没有人会对这样的书感兴趣。卡耐基辛辛苦苦一年，等于是为别人的观点进行了梳理和宣传。结果，一年的辛苦被扔进了垃圾箱，卡耐基只能重新开始。

后来，卡耐基在自己的课堂上经常给学生举这些自己亲身体验的例子，来说明一个道理：与其费尽心机去学习别人，不如先透彻地了解自己有什么特色。

卡耐基的经历其实发生在我们每个人身上，每当我们在做一件事情的时候，往往会觉得自己不如别人，然后去找在这件事情上表现得很优秀的人，去吸取他们的经验教训。所以，当我们觉得自己不如别人的时候，就会去学习或者模仿成功人士。

然而，通常情况下，我们只是使用了大脑能量的十分之一，我们当中的大多数人根本不清楚自己有多大的潜能。即便是那些已经取得了很多成就的人，实际上还有一半多的能力没有被开发出来。我们所使用的只是其中很小的一部分。我们总是生活在自己设下的层层限制之中，因此，尽管自身的财富还有很多很多，却很难成功地加以运用。

所以，我们每个人都是拥有无限潜能的。那么，还用得着担心不如别人吗？还用得着去学习或者模仿成功人士吗？

答案是，完全没有必要。嫉妒与模仿都是在扼杀那个独一无二的你。只有在自己的玉米地里辛勤耕耘，才能收获自己的玉米。如果老是学习和模仿那些成功人士，我们迟早会变成匹不像的，这是最糟糕的事情。

记住，在这个世界上，你是无人能取代的。从前没有，将来依然如此。

因此，为什么不去发现自己的特色呢？正如卡耐基一样，发现自己在演讲上面的天赋之后，努力地在这一领域发展，并且找到自己不同于其他演讲者的演讲特色。

卡耐基思想精华：

每一天对我们来说都是全新的开始，我们所面对的是一个全新的自己，所以我们应该为这一点而感到庆幸，应该尽量利用大自然所赋予我们的一切。归根结底，成就都与本人的实际潜能有关。你只能唱你自己的歌，你只能画你自己的画，你只能做一个由你的经验、你的环境和你的家庭所造成的你。不论好坏，你都得自己创造自己的小花园；不论好坏，你都得在生命的交响乐中，演奏你自己的小乐器。

由此，我们可以领悟到轻松与快乐的一条准则："千万不要去模仿别人。要认识自己，坚持自己的风格！"

有些人认为谈判成功的唯一方式是恐吓和狡猾。实际上，真正的谈判不是你死我活"战斗"式的较量，而是"结盟"式的共同合作达到的双赢。

——卡耐基

交流的目的是双赢

在青年会教授课程的时候，卡耐基的房东要大幅涨房租。当房东告诉他这个消息的时候，卡耐基说："实际上，我有个朋友也住在这里，他得知我住在这里，已经邀请我去与他合住，现在，我们的合约期满，我搬走恰好合适。"房东没料到卡耐基会这么说，她以为卡耐基租不到比这更便宜的房子。卡耐基看出了房东的诧异，接着说道："其实我不想搬。因为与人合住有很多的不方便，只要您不涨房钱，我会继续住下来。虽然大家都对我说，房东太难说话，其他的房客都试过，没有成功，但是我之前见过您几次，我印象中您是一个好人。我想也许是他们没跟您好好说的缘故。并且，现在正是淡季，您很难找到下一个房客。"

"好吧。其实我不是故意涨房租，只是我最近手头比较紧……"

"嗯，我知道现在经济不景气，房租也在普遍上涨。要不我们按照一般的市场价涨房租吧，这样能缓解您的经济问题，而我也能接受。如果这样还不行，我可以预支一个季度的房租先帮您缓解经济困难。不然，我就只好和我的朋友合住了。"卡耐基又说道。

"好的。卡耐基先生，您真是一个好人。"房东欣然接受了这个建议。

也许有人会说，谈判什么的离我们的现实生活太远了，那是精英们关心的问题。其实不然，在现实生活之中，我们常常要为了达到某种目的而去和他人交流，比如讨价还价。这其实就是一种谈判。这种交流的关键不在于"谁输谁赢"，而是最后的那个结果令彼此都满意。这就是共赢。

那么，怎么达到共赢的目的呢？

第一，了解对方。许多人一开始便接二连三地提出自己的要求，表明"我"希望这件事情的结果是怎样的，只关注自己的期望，而忽略了对方的期望。就像卡耐基所做的那样，他知道房东大幅涨价肯定是有原因的，在整个交流过程之中，他找到了这个原因：经济不景气，房东手头紧。了解到这个原因之后，就可以进行进一步的协商。

第二，积极肯定。先对对方的某一方面进行肯定，以消融对方的坚持和戒备。案例之中，卡耐基赞美房东是一个好人，就是在试图消融房东大幅涨价的决心。

第三，坚持自己的底线。卡耐基的底线是：房租可以按照市场价涨，但是不能大幅涨价。卡耐基表明了自己的态度，如果房东坚持要大幅涨价，自己就退租。

第四，找到那个利益平衡点。卡耐基给出了双方的利益平衡点，即适当涨房租或者预先支付下一季度的房租来缓解房东的经济困难。日常生活之中，这种类似于谈判的交流中，不仅仅要考虑到自己的利益，还要考虑到对方的利益。这样才有交涉成功的可能。

第五，不要强硬。在这样的交流之中，我们需要一种不卑不亢的气场，但是要避免强硬的态度。强硬的态度在某些场合有一定的作用，但是这种作用也只是暂时的。因为，强硬容易使人产生被支配的感觉。在这种感觉之下，人们通常都会产生逆反心理，这就使交流的双方难以达成共识。在案例之中，卡耐基如果用其他房客那种强硬的办法，一定会碰钉子。卡耐基以友好、同情、赞扬的态度使整个交流顺利进行到最后。

卡耐基思想精华：

在任何交流与沟通中，与其只考虑自己的利益而死咬住不放，使整个交流难以进行，还不如考虑一下双方利益的平衡点，从而达到互利共赢。本着双赢的目的进行交流，不仅仅能轻松获益，还建立了与对方长期愉快合作的可能。所以，当我们为了某种利益进行交流时，不要忘了找到那个利益平衡点。

从对方的角度来看问题，能看到对方的内心世界。

——卡耐基

了解对方的想法

1906年，戴尔·卡耐基虽然仍旧很贫穷，但情况已有很大变化，与两年前进入师范学院时已有天壤之别了。他成功地进入了当地青年会，成了一名教授演讲的教师。

最初，卡耐基每周上两次课，向人们讲授一点演讲的方式方法。他的每一次课里，学生几乎都要挤破教室。但是，卡耐基发现自己的授课陷入了一种十分尴尬的境地。每一次都是他在台上讲得天花乱坠，学生们在下面听得津津有味；一旦他要求某位同学站起来讲一点点的时候，那个人便会说："对不起，先生，我还没准备好。"或者"我怕我说不好""我实在没法运用这些原则"。

卡耐基在自己公寓内踱来踱去，双手不停地搓动，满腹忧思："我的学生大多数是商人，是各种管理者，是成年人。他们要的是成果，我要教给他们一种站立的姿势，一种谈话的方式，使这些人在一场展示会或者会议中有效地表达自己的观点和想法。"卡耐基心想，"可是，我做的一切都没有什么成效，怎么办呢？"

一瞬间灵感爆发了，也决定了卡耐基的课程安排。卡耐基决定通过自我暴露内心的方式，来发掘出人们演讲的潜能。这个思路很有效，就连那些拙于言辞的人仿佛也一夜之间变得口齿伶俐起来。卡耐基在第一个月的授课中，摸索出一套使学生开口说话的经验，他让每一个人都谈一些关于自己的事。

有一天，青年会的主任问他："卡耐基，你是用什么方法促使人们开始演讲的？听你讲课的人越来越多了。"

卡耐基说："我也没有特殊的方法，我只是让他们谈一些最简单的话题，诸如孩提时代的经历、令人生气的事情以及一生中最悲伤的事，等等。由此，我引出话题，让他们自由地倾诉心中的感慨。事实上，很多人不善于表达，是因为他们内心深处有一种惧怕——惧怕表现自我。"

卡耐基的解释是很有道理的，"恐惧是造成不能有效演讲的基本因素。"他了解到了学生们内心的想法："老师讲得真好，但是他要是要求我去前面讲点什么，我一定办不到。"正是因为了解到学生对于在公众场合讲话的恐惧与抵触之后，卡耐基想到了自己别出心裁又相当有效的方法：一旦人们谈到自己内心深层的感受就会滔滔不绝，那时的人们说话全是在跟着感觉走。

这对我们是一个启发。当你以后请求他人把火灭掉，或请求他人买你的东西，或请求他人捐给红十字会50元之前，为什么不暂时停下来，把眼睛闭上，试着从别人的角度出发来仔细想一想整件事情呢？问自己："他为什么要这样做？"是的，这要花一些时间；不过这样能让你交到朋友，取得更好的效果，减少困难和冲突。

经常从别人的角度来看待事情，这就足够成为你生活中的一个新的里程碑。因为从他人的角度来看待问题，能了解到对方在想什么。他们选择这样做的原因是什么？他们不停劝告的原因是什么？他们明明知道这样做事不对为什么还会这样做？他们不信任我的原因是什么？他们不敢在众人面前大声说话的原因是什么？他们为什么不敢对我说真话……

了解到对方在想什么之后，我们至少可以采取以下三种策略。

第一，我们能有针对性地选择相应的表达内容与方式。了解到对方心中所想之后，我们能有效地根据这些想法选择适当的表达方式与内容，消除他们的顾虑，使他们敞开心扉。

第二，我们能避免触犯到对方的某些忌讳。了解到对方的想法之后，我们就能知道什么是能说的，什么是不能直接说出来的，什么是万万不可以提及的。

第三，我们能了解到对方的"软肋"。每个人都有自己的"软肋"，在了解到对方的想法之后，我们就可以推断出对方引以为豪的地方在哪里，在这个地方给对方戴上高帽子，可以拉近双方的距离，有利于双方的沟通。

卡耐基思想精华：

哈佛商学院的院长唐哈姆说："在和一些人会面前，我愿意用两个小时在他办公室前面的人行道上散步，而不愿在脑子里没有清晰的想法，不知道该怎么说，并且不了解对方，没有做好应答准备的情况下，直接去他的办公室。"其实，这就是中国古代贤人所说的"知己知彼，百战不殆"。所以，要想沟通有效地进行，不妨铭记"从他人的角度出发来看待事情"。

如果对方是无奈之下不得不听从你，那么他的内心深处是很反感你的。

——卡耐基

尊重对方的观点

卡耐基训练班上有一个会计师学员——格莱格，他所在公司的工作有淡季、旺季之分，每到淡季的时候就要辞掉很多员工。可是，他遇到的问题是，被辞掉的员工在旺季的时候都不愿意再回来工作。卡耐基得知这一情况之后，就劝导他换一种沟通方式，多多体谅那些员工的感受。卡耐基为格莱格做了一个示范。

卡耐基根据每个人不同的工作表现分别与他们谈话，让这些员工们的心里很温暖。卡耐基是这样和员工们沟通的："先生，我们有你这样的员工感到很荣幸，你的工作成绩有目共睹。华盛顿那个项目那么棘手，你都能圆满解决，我们真为你骄傲。你是个有能力的人，无论在哪个公司工作你都能做得很出色，不管你到哪里，我们都会一直做你的支持者。"员工们听到这些话，很开心地离开公司，并没有被一脚踢出门的感觉。而且，当公司需要他们的时候，他们都很愿意重新回到这里继续工作。

我们可以看到，在这个案例里面，卡耐基并没有直截了当地对那些员工们说："先生，现在是淡季，这里没有你们可以做的工作了。"而是很肯定那些员工的能力，并向他们对公司的贡献表达感谢与尊重。这是很重要的。

尊重对方观点的时候，也能让你说的话更具有说服力。当我们处在得理的位置时，有可能会产生一种盛气凌人的感觉。这样一来，对方为了避免自己的自尊心受到伤害，就会潜意识地对你的话产生抗拒心理。

每个人都有自尊心，都渴望得到别人的尊重。所以，当你对一个人的错误进行指正或者想说服一个人时，首先要做到尊重对方，这是很重要的。如果对方是无奈之下不得不听从你，那么他的内心深处是很反感你的。相反，如果我们以尊重的态度为前提来表达自己的意愿，对方则会很乐意接受你的观点。只要你学会尊重别人，别人就会尊重你。

即便是一个人犯了错，我们也应该尊重他自己的做法，而不是认为他应该怎么做。就算他的做法完全错了，我们完全对了，也不能毫不留情地去指责对方。因为，我们没有权利去贬低或者伤害任何一个人的自尊。

只有当我们真正地尊重对方的观点之后，对方才会意识到他们也需要礼尚往来，尊重我们的观点。从而他们会认真地聆听我们的观点，并且找到我们的观点的闪光处。

况且，我们的观点就真的无懈可击吗？我们只有在了解到对方的观点之后，才知道自己的观点在哪些地方优于对方的观点，在哪些地方比不上对方的观点。这样，我们才能扬长避短。

所以，在和任何人的沟通和交流之中，请记住一句话："在谈话时，一定要以尊重对方为前提。"

卡耐基思想精华：

"我所了解的只有一点　那就是我是无知的。"我们的智慧能比过苏格拉底吗？因此，我们更需要尊重对方的观点，而不是盲目地坚持己见。只有在了解了对方的观点之后，我们才知道双方观点的优缺点，并想办法扬长避短，从而说服对方。

想要让自己的话达到最佳效果，你就要学会让自己的语言通俗易懂。

——卡耐基

有效传达信息

卡耐基在做推销员的时候，有一次推销冰箱，他是这样讲解冰箱需要除霜的原理的："从电冰箱的工作原理来说，任何形式的制冷系统都有可能产生结霜现象。其主要因素在于冰箱内空气的湿度和食物的含水量。当箱内霜层很薄时，对蒸发器的传热影响不是十分明显，但霜层逐渐增厚并使整个蒸发器被霜包住后，就会严重影响蒸发器的传热能力，使箱内温度降不下来。据测定，蒸发器表面结霜厚度大于10毫米时，传热效率下降约30％，制冷效率就大大降低。在这种情况下，就需要进行除霜。"卡耐基发现，基本上没有人能听他讲完。

于是，他换了一种方法讲解：

"大家在打开冰箱的时候，一定会发现冰箱放肉的那一层有一层霜，这些就是结在蒸发器上的。蒸发器就像吸风机一样，把冰箱里的热量都吸出去，使冰箱能够冰冻你的东西。当霜越结越厚的时候，蒸发器和冰箱里面的空气就会被隔开，就像中间有一层厚厚的石棉一样，导致吸热功能不正常，冰箱的冰冻效果就会越来越差。为了保持冰箱里面的冷度，马达只有不停地运转，这样一来，冰箱的使用寿命就会减少。所以，我们要想办法除掉这些霜，最好的做法就是在冰箱里面安装一个自动除霜器。"

果然，这样通俗易懂的表达使得很多人明白了自动除霜器的重要性。

这也让卡耐基明白了讲话的艺术很简单，那就是通俗易懂。卡耐基听过很多的演讲，他发现凡是那些使用大量的专业话题和专业术语的演讲基本上都是失败的。因为，听众根本就不了解这些专业话题和专业词汇。事实上，不仅仅是演讲，在人们的日常生活当中也有类似的情况。有些词语只有行业内人士才会懂，还有一些词汇是行业内人士用的缩略语，这样的词汇外行人肯定是听不懂的。有的人也许会很好奇地问你这个专业术语是什么意思，但是也有一些人根本就对这些专业术语提不起兴趣，于是他们微笑着离开。

所以，想要有效地传达自己的意思，我们必须学会让自己的语言通俗易懂。通俗易懂地"说"或者把话"说"得通俗易懂，乃是提升"说"的质量的重要途径。也只有如此，才能达到说话的目的。如果你说的话别人都不能很好地理解或者不能记住，那你说了又有什么用？因此，我们需要不断地提醒自己，尽量让自己的话说得简洁明了一点，让听你说话的人都能理解。

当然，这同样需要一点简单的训练。

第一，我们可以找一个比较迟钝的人，用最通俗的语言来讲解，尽可能清晰地将自己的观点表达出来，使对方完全听懂。

第二，我们也可以找一些孩子，通过给他们讲解，来训练我们如何既不拖沓又能达意的通俗表达法。

第三，对于一些专业术语的表达，我们不妨用一些对方能够理解的比喻来表达。正如卡耐基讲解冰箱需要除霜的原理那样："蒸发器就像吸风机一样，把冰箱里的热量都吸出去，使冰箱能够冰冻你的东西。当霜越结越厚的时候，蒸发器和冰箱里面的空气就会被隔开，就像中间有一层厚厚的石棉一样，导致吸热功能不正常，冰箱的冰冻效果就会越来越差。"这里成功地运用了人们容易理解的两个比喻，使人们能够生动地理解冰箱需要除霜的原理。

卡耐基思想精华：

我们说话的第一个目的不是炫耀我们华丽的辞藻，而是将我们想要表达的东西有效地传达给对方。所以，通俗易懂是我们在组织语言的时候所要考虑的首要因素。

含蓄委婉的说话方式对双方都是有好处的。对对方来说，既听取了别人的意见，自尊心又没有受到伤害；对自己来说，自身的名誉或身份都没有受到损伤。

——卡耐基

间接指出对方的错误

有一次，卡耐基下班后坐地铁回家。他看到一位老太太没有座位，马上很礼貌地起身让座给她。老太太坐了下来，却连一句感谢的话都没有。旁边的人都对老太太的不礼貌行为露出了不满的神色。

过了一会儿，卡耐基突然转头问老太太："您刚才说了什么，太太？"

"我没有说什么啊！"老太太很疑惑。

卡耐基继续说："对不起，我好像听到你在对我说'谢谢'。"

车厢里的人哄堂大笑起来，甚至连老太太也不好意思地笑了。

之后，老太太诚恳地向卡耐基表示了感谢，不仅仅是感谢他给自己让座，更重要的是，感谢他巧妙地指出了自己的错误。

我们在现实生活之中也经常会遇到这样的情况，对方的某一言辞或者行为是无礼的，但是，我们是不是就要义正言辞地指出来并要求对方道歉呢？

当然，如果我们就那样指出来，我们也没有做错什么。但我们为什么不采取更好的方法呢？我们每个人都是有自尊的，都会在与人交往沟通之时顾忌自己的面子。试想，如果那个被毫不留情地批评的人是你，你会怎么想呢？

在我们和别人的沟通之中，有些话直接说出来可能会因为伤害到对方的自尊，从而影响到谈话的效果，这时就可以间接地用一些比较含蓄委婉的说法，让对方自己去琢磨话中的含义。正如卡耐基在面对无礼的老太太之时那样，他并没有直接地指出老太太的无礼之处，而是用询问的方式提醒老太太应该道谢。

除了这种高超的幽默之外，还有一些其他的含蓄委婉的表达法。

第一，欲抑先扬。我们常常会遇到这样的情况，要好的朋友要我们去赏鉴他最新准备的演讲之类，然而他的表现又实在差强人意。这个时候怎么办呢？不妨这样说："我敢肯定这篇演讲稿简直就可以发表到报纸上了，也许你再加上一些自然的手势，你的演讲就更完美了。"不直接说哪里不好，而是先说好的地方，再来说不好的地方。

第二，提示暗指。在现实的交往过程当中，往往会有一些话不方便或者不能直接向对方表达出来，这个时候，就需要我们通过种种可能进行暗示的方法来提醒对方，把看起来跟自己的愿望毫无关系的话联系起来，用旁敲侧击的方式来表达自己的意见。比如好友借钱之后忘记了归还，而你又正好缺钱，那么不妨试试这种方法。

这些含蓄委婉的表达法不仅仅是让对方接受我们的观点，更重要的是，我们在指出对方某些错误的时候顾全了对方的自尊，他们在轻松愉快的氛围中接受了这些建议。他们会从内心感谢我们如此巧妙地指出了他们的错误。如果是我们自己犯了错误，肯定也希望对方能用这种方法指出。

卡耐基思想精华：

当我们觉得有些话直接说出来会有些尴尬的时候，我们可以用含蓄委婉的方法把我们的想法传达给对方。这是一种很好的方法，既能表达出我们的想法，还能获得好人缘。

含蓄委婉是不方便直接表达时的最佳选择。

——卡耐基

说话要委婉含蓄

卡耐基有一个学生叫彼得，这个学生很喜欢请教卡耐基问题，但他总是在得到解答之后高谈阔论很久。有一次，彼得又去找卡耐基请教问题。卡耐基热情地招待了他，两人边喝咖啡边讨论彼得的问题。得到答案之后，彼得又开始高谈阔论起来。天色已经很晚了，卡耐基也已经很疲倦了。但是，彼得此时说得正酣，卡耐基也不好直接请他出门，怎么办呢？

卡耐基想了一会儿对他说："彼得，你的咖啡已经凉了，我给你换一杯吧。"

彼得很知趣地听出了卡耐基的弦外之音，马上告辞了。

卡耐基将自己的意思委婉地表达出来，既尊重了彼得，又间接说出了自己的想法。

委婉是一种既温和婉转又能清晰明确地表达思想的谈话艺术，是运用迂回曲折的语言含蓄地表达本意的方法。说话者特意说些与本意相关的话语，以烘托本来要直说的意思。这是语言交际中的一种缓冲方法，尽管这仅仅"只是一种治标剂"，但它能使本来困难的交往变得顺利起来，让听者（或观众）在比较舒适的氛围中领悟本意。从心理学的角度来看，委婉含蓄的话，不论是提出自己的看法还是劝说对方，都能比较适应对方心理上的自尊感，使对方容易赞同、接受你的说法。有些话，意思差不多，说法稍有不同，给人感觉就会大不一样，如：谁——哪一位？不来——对不起，不能来。不能干——对不起，我不能做。什么事——请问你有什么事？如果不行就算了——如果觉得有困难，那就不麻烦你了。前者太直白，后者委婉动听了许多，让人容易接受。

有人对于委婉说话不以为意，认为那太过于虚伪，有什么说什么才是坦荡之人所为。在我们的生活之中，和家人、好友、熟人说话时，或与人商量急事，说话直来直去，想说什么就说什么，是人际距离亲近的体现。但你若对对方不熟悉，或者与对方的关系不太融洽，尤其是面临着某种难题，那么你说话就要慎重了，讲究点分寸，要学会用委婉含蓄的方式说话。

委婉说话的技巧是以以诚待人、尊重对方为基础的，委婉的表达常常需要控制自己的感情，斟酌自己要说的话，这两个方面的努力都是为了让自己所说的话更容易被对方接受，达到有效交流与沟通的目的。这样做更能表达对对方的尊敬，适应并体贴了对方的心情，这怎么能说是虚伪呢？

除此之外，我们在说话时，常常会故意使用一些含糊其词的手法，给人以风趣之感。有人谈及某人相貌丑陋时，不会直接说"长得丑"，而用"长得困难点""长得有些对不起观众"这样的话来代替；谈到某人对一个人、一件事有不满情绪时，说他对此人此事有点"感冒"等。这都是在委婉含蓄地表达事情的本意。

关于委婉含蓄的表达方法，大致有下面几种：仔细研究事物之间的内在联系，利用同义词语来表达自己的思想，达到委婉含蓄的效果。

由外延边界不清或在内涵上极其笼统概括的语言来表达自己的思想，达到含蓄的效果；利用多种修辞方式，如比喻、借代、双关、暗示等，来达到含蓄的效果；有些事情不需直接点明，只需指出一个较大的范围或方向，让听者根据提示去深入思考，寻求答案，可达到含蓄的效果；通过侧面回答一些对方的问题，达到含蓄的效果。

在日常生活之中，我们经常会用到的方法有以下三种：赞扬法，目的是顾全对方的面子，使对方容易下台阶；暗示法，实在很难说出口的话可以采用这种方法；模糊法，只可意会不可言传。案例中，卡耐基就是运用了暗示法。

卡耐基思想精华：

在使用委婉含蓄的语言时也要注意，委婉含蓄并不等于晦涩难懂。它的表现技巧首先建立在让人听懂的基础上，同时要注意使用范围。如果说话晦涩难懂，便没有了委婉含蓄可言；如果不分场合地使用委婉含蓄的话，也可能会引起不良后果。

如果话语能简短而更有力，或同样有力，又何必长篇大论呢？

——卡耐基

言简意赅，切中要害

"卡耐基课程"中一位叫山姆的学生曾经请教过卡耐基这样一个问题："在推销中经常会遇到一些犹豫不决的客户，这个时候我们通常是继续滔滔不绝地推销，那有没有比这种难堪的死缠烂打的方式更好的战略呢？"卡耐基没有正面回答，而是讲了一个有趣的故事。一个礼拜天，他到教堂去，适逢一位慈善家在哀怜地讲述某家福利院里的孤儿的艰难生活。当慈善家讲了五分钟后，卡耐基决定捐助50美元；当慈善家讲了十分钟后，卡耐基决定将捐款减至25美元了；当慈善家继续滔滔不绝讲了半小时之后，卡耐基又决定减到5美元；慈善家又讲了一个小时后，拿起钵子向大家哀求捐助，并从卡耐基面前走过时，卡耐基投进去了两美元。

"那位慈善家本来只需五分钟就能讲完的话，却滔滔不绝地拉长到六十分钟，致使他的形象一落千丈，说话风格令人生厌，这怎能不令人生厌？所以，我最后只捐了两美元。"卡耐基总结道。

口才最差的人，往往可能就是那些喋喋不休的人，说了一大堆，也没有说出主旨，反而还认为自己很棒。其实，太过烦琐的语言会令人生厌。就像那位慈善家一样，啰里啰嗦一个小时的结果反而是令卡耐基将善款由50美元减到两美元。

人们常问，如何才能更好地表达自己真实的思想和感情呢？平凡、朴素、简洁是良好地表达心中所想的三个妙方。事实上，要真正地将自己的话说得高效，就必须让自己的语言简练，要能在最短的时间内让对方明白你所说的意思。

在与别人交谈时，我们其实只要能抓住关键点不放，将主要的意思说出来，就能达到我们所要的效果了。无论我们平时和什么样的人说话，都要让对方在最短的时间内明白自己的意思。要想说服对方，就必须找出问题的关键点。这也叫作"抓住一点，不及其余"。"言不在多，达意则灵"，讲话简练有力，便能使人兴味不减。

我们经常说一个人口才好，其实并不是指他在别人面前如何会侃侃而谈，或同样一件事经他嘴一说就能天花乱坠，而是说他说的每句话都能起到真正的作用。如果只是抓不着重点地废话连篇，可能根本抵不上一句有根有据的话所能发挥出的作用。在公共场合演讲，有的人滔滔不绝，用语言的触角抓住了每一位听众，自然令人钦佩；但是，有的人却能将自己的意思浓缩成几句话，犹如一粒粒沉甸甸的石子，在听众平静的心湖里激起层层波浪，同样值得称道。换个角度来说，如果话语能简短而更有力，或同样有力，又何必长篇大论呢？此外，要想让自己说的话简练，一语中的，引起对方的警觉和注意，还必须要让自己所说之话有一定的事实依据。会说话的人不一定是多说话的人，多说话的人也不一定是会说话的人。会说话的人，往往都是语言简明扼要，言简意赅，且简中求准。令人讨厌的人，说话语速常常快且健谈，说起来没完没了，一句接着一句，一段接着一段，尽其所能，连气都不喘。听者自然也没有了喘气之机，好像面对一条泛滥的河流，总也望不到尽头。如果换作你是听者，你能受得了这样的谈话吗？

抓住要点，长话短说，才是赢得听众喜欢的一件法宝，也是一种说话的谋略。在谈话时，最重要的就是说出你要谈论的主题，其余的客套话尽量少说或者不说，这样你的听众才不会感到心烦意乱。如果讲话者好为人师，总是告诉你这样做、那样做，而且酷爱唠叨，相信你一定不会认为他是个出色的讲话者。

当然，长话短说也须针对特定的对象。假如对方跟你并不是很熟，而你一上来就直奔主题，势必让人感到唐突，效果也不会达到最佳状态。

卡耐基思想精华：

一般说来，针对那些跟自己关系比较熟识的人，或者是在一些比较正式的场合，如商业谈判、会场、做报告、演讲等，如果能做到抓住要点，一针见血，没有那么多冗长的废话，就一定会吸引听众，使他们迅速地进入主题；而一味长篇大论，结果肯定是令人不得要领。

第四章

卡耐基快乐生活
思想精华集锦

快乐生活是人类社会永恒的主题。无论我们选择怎样的工作、怎样的伴侣，我们肯定都是想要快乐地生活的。很多人寻找了一辈子都找不到快乐的钥匙，也有很多人似乎天生就快乐。那么，快乐的秘诀是什么呢？答案就在本章内容之中。

任何一个有头脑的人都会告诉自己，新的一天就是一个新生命。

——卡耐基

生活态度决定幸福感

卡耐基曾经面临过很严重的财务危机，为了生活下去，他在密苏里的玉米地和谷仓做苦力，每天10小时的高强度劳动换来的是微薄的薪水——每小时五分钱。他很长一段时间都是住在既没有浴室又没有自来水的简陋小屋里。零下15度的夜晚，他蜷缩在卧室里数羊。为了省下一毛钱，他宁可步行几里地，穿底子磨烂的鞋子、打补丁的裤子、吃最便宜的饭菜。因为没钱送洗裤子，他想出一个绝妙的好主意——将裤子压到床垫底下。

可是，就是在那样一段时间，他仍然能节省下钱来。因为，他必须为了自己的梦想储存成本。卡耐基后来说："那段最为艰难困苦的时期，其实并没有那么可怕。日子一天天过，阳光依然灿烂，我想着，奢华的日子和穷苦的日子其实没有什么区别。"

大多数人都认为，只要我们的收入增加了，一切的忧虑都会烟消云散。既然如此，那么多的有钱人为何还会郁郁寡欢？归根结底，决定我们是否幸福或者说有多么幸福的因素，实际上是我们所秉持的生活态度。幸福感其实是我们自己主观上的感受。假如我们总是心存不满，就算让我们拥有整个世界，也不会快乐；假如我们能保持良好的心态，就算是拿每小时五分钱的时薪也依然会快乐。这个良好的生活态度是什么呢？归结起来很简单，不以物喜，不以己悲，将生活当作一个沙漏。

人生不如意事十之八九，我们每个人都会有艰难的时候。这个艰难的时期应该怎么度过呢？卡耐基给出了一个建议：将生活当作沙漏。

有无数的沙粒装在漏斗的上半部，它们不断地通过中间的缝隙漏下来，速度缓慢，不急不躁。我们永远无法用正常的手段，使两颗以上的沙粒同时通过缝隙。生活就像这个沙漏，每个人生阶段，每一天都有许多或好或坏的事情发生，我们必须去面对这些事情。可是，我们只能让这些事情像沙粒一样，慢慢地、均匀地过去，做完一件再做另一件，有条不紊。如果我们急躁一些，想要同时让两颗以上的沙粒通过缝隙，那么，缝隙就会被胀裂。

卡耐基在那段异常艰苦的时期，也是这样一步一步走过来的。他清醒地认识到自己所处的艰难现状，并没有因为经济窘困而乱了阵脚。相反，虽然从事着高强度的劳动，但他还是能为了梦想省下钱来。他工作，存钱，日常生活之中发生什么事情他就去应对什么事情，他让沙粒一粒一粒地通过缝隙。

肩上的担子再重，我们也要一直坚持，直到夜幕降临；要完成的工作再苦，我们也要坚持，直到太阳下山。直到今天沙漏里面的那一粒粒沙有条不紊、井然有序地通过缝隙之后，我们会发现对未来的孤独和恐惧都已经远远落在了后面，我们又快乐地度过了一天。

这样艰苦并且快乐的日子一天天度过，我们会在某一天发现，我们的生活不再艰苦了，我们不再为了微薄的酬劳腰酸背疼了，我们的生活有了新的开始。并且，现在，我们对未来充满了希望，对生命充满着敬畏与热爱，生活之中的任何难题我们都不再害怕了。

卡耐基思想精华：

把生活当作一个沙漏，井然有序地努力做好眼前的每一件事情，不要去想遥不可及的事情。今天最重要的事情，是让每一颗沙粒都能顺利通过缝隙。

一个人，要想与对方交朋友，一定要把自己的姿态摆正，千万不要摆出一副居高临下、悲天悯人的样子，那样很可怕。

——卡耐基

放低姿态生活

在卡耐基家周围经常有一些小动物，小卡耐基很喜欢这些小动物，尤其喜欢一只经常出没的金黄色小猫。虽然没有人领养它，但经常有人喂它，没事的时候人们放上点碎肉、几根鱼骨头。小卡耐基觉得它很可爱，总想和它套套近乎，甚至想和它做朋友。有一天，小卡耐基无意间发现这只金黄色小猫正躲在灌木丛中打瞌睡。惊喜之余，他连忙走过去，想离这可爱的小东西近一些，谁知这小家伙突然睁开眼，吓得拔腿就跑，跑出十几米远，才敢怯怯地停住。小卡耐基失落极了，因为这已经说不上是第几次了。怀着莫大的疑问与失落，他悻悻地走回家。晚饭后，他沮丧地说起这件事。卡耐基的妈妈说："你呀，总是站着去接近它，太高了，它一看到你这个庞然大物走过来，自然害怕，你应该换一种姿态，试着蹲着去接近它，目光与它平视，这样，它就不害怕了！"听完之后，小卡耐基顿时明白过来，口中不住地说道："原来如此，原来如此……"后来再遇见这只小猫，他没有冒进，而是蹲了下来，静静地看着它，它也警觉地望着卡耐基，好像怕一不留神他就会扑上去吃了它似的。过了很长时间，它开始东张西望，对小卡耐基心不在焉，好像不存在危险了似的。反复几次之后，这只小猫不再躲小卡耐基了，他们最后成了朋友，每天上学、放学他们经常见面。小卡耐基经常给它带些吃的，它竟然也走过来放心地吃，有时还特意走过来蹭小卡耐基的脚背和腿腕。

后来，卡耐基回忆起这件事情时说："一个人，要想与对方交朋友，一定要把自己的姿态摆正，千万不要摆出一副居高临下、悲天悯人的样子，那样很可怕。"

这也就是我们通常所说的低调做人。在我们的生活当中，时常因为摸不准人际交往的脉搏而困惑。殊不知，我们在交往之中的某些高调的表征使我们在人际交往圈里面越来越边缘。当身边的朋友因为失恋而悲伤的时候，我们是应该笔挺地站在他面前告诉他，"你应该振作起来才是正确的"？还是应该蹲下来平视着他的眼睛告诉他，"我们一直在你的身边"？无论是哪一种做法，都是在表达我们的关怀。但是，也许对于处在低潮的对方来说，后一种方法更容易被他接受。

做人要善于学习水的智慧，能避高就低，在最低处隐藏着无穷的变化与智慧。水善于低是一种风度与气魄，也是一种谋略与智慧，更是一种处世的姿态。我们在为人处世当中，不可避免地会遇见各种各样的人，昂首飞扬如同刚刚打了胜仗的公鸡，低眉顺眼如同乖顺的小绵羊，飞扬跋扈如同不可一世的老虎，畏畏缩缩如同小心翼翼的老鼠，可是这些人都无一例外会有自己的困境。那么，当他们处在某种困境之中的时候，我们要怎么做才能赢得良好的人际距离呢？

最佳的答案，正如小卡耐基所做的那样，把自己的姿态放正，和对方的眼睛平视，表达出"我们现在在一起，你不是孤单一人"的信息。要是摆出一副居高临下、悲天悯人的样子，无疑会激起对方强烈的排斥心理。

要是我们看得更远一点，就能发现，"放低姿态生活"不仅仅是一种人际交往技巧，它更是一种生活态度。生活说得通俗点，就是生下来，活下去。但是快快乐乐地活着与憋屈苦闷地活着，相信绝大多数人都会选择前者。那么，我们如何才能不以物喜、不以己悲，无论何时都能心旷神怡呢？

其实，这不是什么大学问，只要我们摆正了生活态度，完全能够快快乐乐地生活。我们有很多人都信奉"人定胜天"这一至理名言，认为只要我们不低头、不妥协就一定能得到我们想要的优质生活。可是，我们却忘记了，物质上优质的生活只会让我们的精神凸显空虚。那么，如果我们换个思维，不要一味地追求凌驾于生活，而是放低姿态，将自己放在与其他人平等的位置上，也许我们就会发现，快乐生活与优渥物质没有必然联系。换句话说，如果我们是为了快乐的生活而拼命地去获取物质，那么我们会越来越不快乐；如果我们只是在快乐生活中快乐学习、快乐工作，那么，我们会发现我们的物质生活越来越优渥。

况且，"枪打出头鸟"，一味地高调，只会使我们成为众矢之的。有一种瓢虫，当人们用手碰它时，它就会把脚缩起来，停止不动，无论怎么拨弄它，它就像死了一样不动，可是过了一段时间后，它又开始走动了；有一种鸟，在它孵卵时期，若有外敌入侵，它会扇动自己的翅膀，先佯装与外敌搏斗，然后便假装受伤，跌跌撞撞地装出一副失败而逃的样子，外敌见它逃跑，就会过去追逐，等外敌远离鸟巢时，此鸟便立刻快速逃走，从而保全了巢中的卵。

这种低是低调、是低头，是能随势就形，藏无穷力量于平静之中，化剑拔弩张为平心静气，化狂风骤雨为和风细雨，化扑朔迷离为悄无声息，是一种"于无声处听惊雷"的做人学问。

卡耐基思想精华：

放低姿态，不是懦弱与放弃，而是隐忍与收敛，是一种安身立命的精神境界。能够在高低上下之间找到恰当的平衡；能够在进退藏露中实现人生的目标与理想；能够在低调中修炼自己，并且寻求机会，在不显山、不露水之中，成就宏图伟业；能够在无人关注的情况下，一飞冲天，一鸣惊人，不骄不狂，豁达从容；能够在隐蔽中养精蓄锐，从而实现胜人一筹的突变。

努力做好眼前的事，这点才最重要。遥不可及的事情就不要去想了。

——卡耐基

活在今天

当卡耐基已经成为美国工人的激励大师之后，有很多人给他写信，向他询问他是如何在重重挫折之中一次次地崛起并最终取得成功的。

在一次电台采访之中，卡耐基作出了公开的回答："你为未来做的最好的准备就是：把你的一切精力、才智、热情都放在今天的工作上，把它做得完美无缺。这么多年来，每当我感到不堪重负的时候，就会背诵这样一段话：'把昨天扔还给昨天，关掉记忆的门，断绝让人追悔不已的源头。只看过去，悔恨与包袱永远会只多不少，总有一天会把你压垮，让你永远止步不前。如果再把未来的包袱一同放在肩上，你的选择大概只有寸步难行了。'所以，对待明天也要毫不留情，紧紧地关上那道门，把它关到门外去。什么是明天？什么是未来？把握住了今天就是把握住了明天、把握住了未来！要想拯救自己，只有把握住现在。为了过去追悔不已的人，为了明天而发愁的人，必定会在郁闷之中浪费掉今天，最终一事无成。"

我们内心的平静，相当大程度上取决于我们活在当下的多寡。不论昨天或去年发生了什么，不管明天会不会发生什么，当下才是你所在的地方，向来都是如此！在现实生活之中，有许多人都十分精通神经质艺术，浪费生命去忧虑各种事情。我们容许过去的问题和未来的忧虑主宰我们目前的时光，结果我们就变得焦虑不安、挫折沮丧、了无希望。另一方面，我们也延迟我们的满足、我们的优先顺序，以及我们的幸福，去说服自己"总有一天"会比今天更好。不幸的是，告诉我们期待未来的相同心理机制只会一再重复，结果"总有一天"从未真正到来。约翰·蓝侬曾经说过："生命就是我们忙着做其他计划的时候，所发生的一切。"当我们忙着做"其他计划"时，我们的孩子也忙着长大，我们所爱的人正在逐渐远离或者死去，我们的身体不知不觉地变形，我们的梦想也偷偷溜走。换句话说，我们错过了人生。许多人把生命当作对以后某个日期的彩排来活。人生不是这样的。其实，没有人可以保证，明天他或她还会在这里。现在是我们拥有的唯一时刻，也是我们所能控制的唯一时光。当我们把注意力放在当下时，我们就能够把恐惧从心底排除出去。恐惧是忧虑未来可能发生的种种，例如，我们将不会有足够的金钱、我们的孩子会惹出麻烦、我们会老会死等。

我们总是会让今天碌碌无为地过去，然后开始后悔没有珍惜时光，再胡思乱想明天一定要完成哪些计划。殊不知，当我们想完这所有的事情之后，又一个今天悄然流逝。于是又开始一个同样的恶性循环。我们最终会发现，这一个月以来，我们除了拿各种想法折磨自己之外，没有做成任何事情。

时光易逝，片刻难求。当我们发现浪费了时光的时候，不妨静下心来安慰一下自己恐慌忐忑的心："人生的时光要浪费一半，珍惜一半。浪费一半享受人生的乐趣，珍惜一半体会人生的意义。我已经浪费了一些时光，接下来就需要珍惜时光了。"一边这样想着，一边开始着手做眼前的事情。要是一味地为碌碌无为而悔恨，不仅会浪费掉更多的光阴，更会给自己无形的压力。

卡耐基看懂了这个恶性循环，并且知道怎么应对这个恶性循环：活在当下。他提出了训练活在当下必做的十件事情。

第一，今天我要很开心。因为林肯说过："多半的人都可以决定自己要有多快乐。"快乐源于人的内心，它并非外来之物。

第二，今天我要调适自己，而非调整世界来配合我。我要让自己配合我的家庭、事业与机运。

第三，今天我要照顾自己的身体。我要运动、关心它、滋养它、不滥用它、不忽略它，使它成为我心灵的殿堂。

第四，今天我要强化自己的心灵。我要学习，不让心灵闲置，我将阅读需要专注、思想与努力的读物。

第五，今天我要由三方面操演我的心灵：我要默默地为某人做一件好事，再起码做两件我不想做的事，按照威廉·詹姆士所说的，只是为了让心灵演练，不致怠惰。

第六，今天我要使自己怡人。我要使自己看起来愉悦，穿着合宜，轻声慢语，举止恰当，多予赞赏，少做批评，不找任何事的毛病，也不挑任何人的缺点。

第七，今天我要全心全意只活这一天，不去想我整个人生。一天工作12小时固然很好，如果想要一辈子都是如此，可能会先吓坏我自己。

第八，今天我要制订计划。我要计划每小时要做的事，可能不能完全遵行，但我还是要计划，为的是避免仓促及犹豫不决。

第九，今天我要给自己保留半小时的轻松时间。我要用这半小时祈祷，想想我人生的愿景。

第十，今天我将无所畏惧，特别是我不怕更快乐，更享受人生的美好；也不怕更努力去爱人，相信我爱的人亦爱我。

卡耐基思想精华：

对抗恐惧的最佳策略就是，学会将你的注意力拉回目前。马克·吐温说过："我这一生经历过一些糟糕的事情，有一些真的发生了。"练习将我们注意的焦点放在此时此地，我们的努力将会得到丰硕的收获。

在面对大事的时候，我们往往表现得很有勇气，倒是那些小事总能击垮我们。

——卡耐基

不要因为小事而抓狂

相信很多人有等人或者被人等的经历，大家也许对这样的事情已经习以为常。卡耐基也经历过这样一件小事，但是这件小事对他的震撼却是巨大的。

他曾经和怀洛明州公路局局长查尔斯·西费得以及其他几位朋友相约一同去参观洛克菲勒在提顿国家公园里的房子。由于他和其他人走错了路，所以没能准时抵达。西费得很准时，可是他没有钥匙，只好在热烘烘、蚊子成群的森林里等了一个小时。最后，卡耐基他们焦急地赶到，他们道歉的话还没说出口，就发现西费得正在蚊子的包围之中，悠闲地吹着一支随手折下的白杨树枝做的笛子。

人就是这样一种奇怪的动物，我们可以在大师面前镇定自若，却又免不了被小事折磨得发狂。我们在人生中看到的是我们想看到的部分。如果我们搜寻的是丑陋，一定可以找到很多。我们能不能看见我们这个世界上的不凡之处，宇宙运行的完美，大自然的奇特之美，人生不可思议的神奇？这只是注不注意的问题。人生珍贵而独特，有太多事情可以感激，有太多事物可以惊奇。正如西费得先生那样，在蚊子包围之中等待一个小时，也能成为他独特人生的美丽消遣，如此豁达的人生态度怎能不让卡耐基折服。

我们还没见过哪一个绝对完美主义者的生活充满内在的安宁。完美的需求与内在安宁的渴望相互冲突。每当我们执意坚持己见时，不但无法改善任何事情，而且注定要打一场失败的战争。我们不但不懂得为已经拥有的一切感到满足与感激，还拼命钻牛角尖找差错，执意要修正它。当我们瞄准差错时，它就暗示了我们不满意、不满足。不管这个不满是跟我们自己有关，例如衣冠不整、车子刮伤、事情做得不够完美，或需要减轻体重；还是别人的"不完美"，例如他的长相、行为或生活方式有瑕疵，只要我们把焦点放在不完美上，我们就脱离了仁慈与温和的目标。这个策略并非教你不要全力以赴，只是教你不要过度专注在生活的差错上。它是在告诉你，虽然还有更好的方式可以完成某件事，但是这并不妨碍你去享受并欣赏事情的现状。

人生很少符合我们的心意，他人通常也不符合我们的期望。人生时时出现我们喜欢与不喜欢的层面。这个世界上永远都会有跟你意见不合的人、做法不同的人以及无法解决的事情。不要执意跟人生的这项原则对抗，首要目标不是凡事都要尽善尽美。对于小事情的执着，实际上是对自己期望的执着。然而，就连造物主也不能完全控制DNA的变化，所以，我们如何期待这个世界完全如我们所愿。这样的生活态度本身就是虚假的命题，而我们却还是为了这样一个虚假的命题劳累身心。这里的解决之道是，当我们陷入无数小事情的旋涡之时，温和地提醒自己一声，此刻的生活现状很好。在你的判断缺席的时候，一切都没事。当我们消除所有生活领域的完美需求时，我们就会发现生活本身的完美。

卡耐基提出，避免为小事抓狂的诀窍在于转移注意力，正如西费得在蚊群围绕与等待的焦急之中吹笛消遣一样，我们也可以将自己的注意力从那件令我们发狂的小事上面转移到令我们放松的某项消遣上。

或者，在快要发狂的时候，提醒一下自己在某项事情上面应该感谢谁。感激与内心的平和是携手同行的。对生命的恩赐越虔诚地感恩，就越心平气和。

或者，干脆想想我们某天的好心情，在心情不好的时候，则要保持优雅的风度，不要把问题看得太严重。不要对抗自己的负面情绪，只要你很优雅，它就会像落日一样消失在夜幕中。

或者，随手拿起一份报纸用全然不同的观点阅读文章和书籍，试着学一点东西：你不需要改变你的核心信念或内心深处坚守的立场，你所做的只是敞开胸怀，向新观念打开你的心扉。这个开放会减轻你排斥其他观点所造成的压力。这项练习不但有趣，还能帮你看到别人的无辜，帮助你变得更有耐心，你会变成一个更轻松、更有哲理的人，因为你会看见别人观点背后的逻辑。

总之，转移注意力的方法有很多，只要我们时刻提醒自己在发狂的时候多注意周围的事物就能发现很多有趣的事情，这足以消弭我们的狂躁。

卡耐基思想精华：

生活中，困扰我们最多的并不是巨大的挑战，而是一些琐碎的小事。这些小事很不起眼，却消耗了我们很多精力。伏尔泰曾经说过："使人疲惫的不是远方的高山，而是山石里的一粒沙子。"人生短暂，千万不要为了小事而烦恼。如果你总是被小事纠缠不清，那你就是在白白浪费生命。

你要朋友怎么对待你，你就要怎么对待朋友。

——卡耐基

获得好感的秘诀

卡耐基曾经描述他成功建立人际交往的学问，在这门学问里面，最重要的地方在于如何获得他人的好感。

卡耐基课程班上的青年人山姆是一个黑人，他因为自己的肤色而苦恼。他认为自己的肤色很好，不需要改变，可是为什么周围的这些白人却老是用漠然的眼光看他？

"孩子，你认真地想想，你不能获得周围人的好感真的是因为你的肤色吗？"卡耐基在听完山姆的苦恼之后，认真地问他。

"呃——"，山姆迟疑了一下回答道，"也许和我的外在形象也有关系吧，我……您看见了……我平时有点不修边幅……"

"要不我们做个试验，来看看人们到底是讨厌你的肤色，还是讨厌你的着装。怎么样？"卡耐基建议道。

山姆接受了这个建议，开始注重塑造自己的良好形象。令他惊讶的是，当他以一个崭新的面貌站在大家面前的时候，他发现人们对他的态度友好了许多。

"老师，您是对的。获得他人的好感很简单，只需要塑造一个良好的形象就可以了。"山姆承认了卡耐基是对的。

的确，没人喜欢跟看起来脏兮兮的人在一起打交道，所以，我们要想获得他人的好感，一定要记得塑造一个良好的形象。要想让对方对你产生好感，首先我们自己身上要有好的"影响源"，即形象设计和内在素质。对方的好感只能从我们自己本身的良好形象和文明的言行中产生。只有做到谦虚而不自卑，自信而不固执，倔强而不狂妄，才能给别人留下好的印象。

在现实生活之中，大多数人都想要获得他人的好感，这是人的一种基本需求。获得对方的认同、赞许，从而得到内心的平衡，产生成功的满足感也是现代人心理渴望的具体表现。我们究竟怎样才能走好人际交往这步人生之中的大棋？

无数成功的人士告诉我们，要赢得对方的好感，除了塑造良好的形象，还要把以下要点铭记于心：

第一，注意积累知识。世界上没有哪个人喜欢知识贫乏的人，只有学识丰富、思想敏锐、兴趣广泛，才能提高自我价值，吸引众人。

第二，堂堂正正做人。心地诚实，待人诚恳，做人正派，这是被人了解和受人欢迎的开端。如果不说真话，弄虚作假，就会让人产生不信任感。

第三，乐于帮助他人。个人的力量总是很单薄的，当面对生活之中的种种问题的时候，每一个人都需要他人的帮助。因此，一位哲人说过，人生的旅程是在朋友的扶持下走完的。当某一个人面对某一个问题无法解决的时候，我们如果能够伸出一只热情的手，无疑会给对方极大的力量和信心。当某个人受到挫折、处于逆境之中时，如果我们能热情地帮助他，对方肯定会对我们产生强烈的好感。同时，当我们帮助了对方，对方对我们报以发自内心的微笑时，我们也会觉得这个世界是那么的美好。这对人的自信心的确立是极其有利的。然而很多人都忽略了帮助人这一最简单的增进吸引力的方法。他们在抱怨人们缺少友情的同时，自己却不愿意对他人付出一点点的真情，即使是举手之劳也不肯付出。正是这种心理将他们自己拒于友好交往的大门之外。

第四，兴趣力求广泛。爱好和兴趣是认识他人、广交朋友的一个很好的"媒介"。共同的兴趣、共同的语言、共同的心声，无形中也在你和对方心中架起了一座又一座的桥梁，对方也会渐渐地对你产生好感。

第五，善于语言表达。无论是在座谈会上，还是在朋友相聚的场所，如果你有个人的见解，就要大胆地表明，这样将增加你做人的力量。若是一言不发，一味害羞，不敢启齿，不但给人软弱无能的印象，而且会在众人面前降低你的位置。

第六，尊重对方的人格。俗话说：人有脸，树有皮。每一个人都有自尊心，任何人在人际交往中都有明显的对自我价值感的维护倾向。当我们取得了成绩时，我们会解释这是自己的能力优于他人的缘故；当他人取得了成绩而我们没有取得成绩的时候，我们会解释仅仅是对方机遇好而已。这样的解释就不至于降低自我价值感，伤及自尊心。我们在人际交往中，必须对他人的自我价值观起积极的支持作用，维护对方的自尊心。如果我们在与对方的交往之中威胁了对方的自我价值感，那么就会激起对方强烈的自我价值感保护动机，引起人们对我们的强烈拒绝和排斥情绪。此时，我们是难以同对方建立良好的人际关系的，已经建立起来的良好人际关系可能也会遭到破坏。在你同别人交往中，无论是熟人还是生人，都要尊重对方的感情，接待热情大方，讲究礼仪。

第七，背后勿论人非。一个正直的人有话说在当面，不在背后乱议论别人。如果你经常在对方背后说他的坏话，一旦被对方知道了，免不了要对你抱怨一番，甚至会同你发生争吵，即便是以前对你印象很好的人也会在心里出现心理阴影，以前对你的好感顿消。因此，我们要时刻提醒自己，莫让嘴巴破坏自己的好名声。

第八，处事宽容大度。在你处事过程中，要坚持理解、体谅、忠实、豁达，这样你将在他人的心目中产生更好的印象。

第九，勿做势利小人。很显然，势利小人是被人们唾弃的。势利绝对是快乐人生的对立面。

卡耐基思想精华：

在日常生活之中，快乐是需要经营的。天生就快乐的人是受上天眷顾的，而不快乐也是正常的。不快乐的时候，想想我们是不是做过以上这些事情，也许我们就能找到开启快乐的钥匙了。

想要得到真正的快乐，就得放弃等着别人感恩的想法，付出并享受其中的快乐。

——卡耐基

不要奢望别人感恩

像美国众多的贫困家庭一样，卡耐基一家的生活过得异常拮据，不仅要算计着每天的花销，还要担心随时上门的追债人。即便如此，卡耐基的父母每年都要从开销之中省出一部分捐给孤儿院。他们从没有去过那里，除了回信以外，从没有人向他们表示过感谢。小卡耐基为此愤愤不平："妈妈，我们做了这么多，可是却没有人对我们说谢谢。我们为什么不把那些捐款用来还债呢？"卡耐基的妈妈温和地笑着说："戴尔，你要记住，我们已经得到了补偿。帮助那些无依无靠的孩子所带来的心灵慰藉就是最好的回报。"

卡耐基成年之后，依然和父母一块帮助身边的穷困之人，只是，他再也没有因那些缺失的感谢而不平。

卡耐基从中深刻地理解到，想要得到真正的快乐，就得放弃等着别人感恩的想法，付出并享受其中的快乐。

帮助了别人，却没人关注我们的付出。这样的事情，大多数人都经历过。在公交车上给孕妇让座之后，对方没有只言片语的感谢，反而是大摇大摆地坐下；在自动取款机前让后面着急的人先取钱，对方只是急着取钱，甚至都不看你一眼；当然也有帮助那些孤儿之后，除了公式化的回信之外，没有一丁点人情味的感谢；节假日，给员工发了奖金，竟然没有一个人对你说谢谢；给自己的亲戚送了一百万，反而招来亲戚的诅咒……这些事情，可能就会影响我们在下次伸出援助之手时的踌躇时间。我们也许会想："反正无论我做什么，都不会有人在意，那么我帮与不帮、做与不做又有什么区别？"

好吧，我们先来找找原因，人家为什么不来表示感谢呢？也许，孕妇挺着大肚子太吃力，她全副精力都在保护胎儿身上，忘记了感谢；也许，那个焦急地等待着取款的人实在是有很重要的事情，所以根本没有注意到要表示感谢；也许，那些孤儿不是不知道要感谢，只是不知道除了写信还有什么更适当的方法表示感谢；也许，员工们觉得工资低、工作量大，节假日的奖金是自己应该得到的；也许，那位送了一百万给自己亲戚的富翁，同时将一亿捐给了慈善机构……

卡耐基从来就不否认在人性之中，自私、无耻、贪得无厌等负面因素会影响人们感恩的心。但是，我们为什么要那么在意对方的感恩呢？如此在意是不是提醒了我们在帮助他人之时是有一个想要对方感恩的预设呢？或者说，我们帮助他人的目的就是为了得到对方虔诚的感恩？这不是帮助，这是施舍。正如卡耐基的妈妈对卡耐基说的那样，帮助他人本身就是一种可报。

当然，我们不是说在接受他人帮助的时候就不用感谢了。恰恰相反，非常有教养的人身上才会出现真诚的感恩。所以，我们需要做的事情有两件。首先，在帮助他人之后，不要期待对方的感恩。人总是忘记感恩，假如我们总指望别人的感激，烦恼会越来越多。其次，在接受他人帮助之后，记得要说谢谢。这是美德，必须遵守和传承。

卡耐基思想精华：

亚里士多德说："那种理想中的人物比懂得帮助别人的人快乐得多。"这个"理想中的人物"，其实就是给予别人帮助而不求回报的人。在这个世界上得到真爱的方法只有一个，那就是不仅不向别人索取什么，并且一味付出不求回报。

常常想自己得意的事情，是一剂神奇的催化剂，它可以使烦恼和忧虑转变成快乐。

——卡耐基

想一想自己最得意的事情

卡耐基进入瓦伦斯堡州立师范学院后，是极其自卑的。刚进入学院的卡耐基对自己几乎不抱任何希望，对自己笨拙的外表和破烂的衣服感到非常自卑。由于遭受洪水，卡耐基家的农场损失惨重，玉米和小麦几乎颗粒未收。当时的卡耐基已经深深地体会到，如果不改变自己的生活，就会像父亲那样狼狈和辛酸。不能重蹈父亲的覆辙，但怎样改变呢？卡耐基陷入了深深的思索中。

他被这个问题深深地困扰，无法摆脱。后来，他在一封家信中写到了自己的苦恼。母亲在回信中说："你怎么不想想在其他方面超过别人呢？孩子，为什么不想想自己最得意的事情呢？"

卡耐基恍然大悟：的确，每个人都有优势和劣势，避开劣势发挥优势是最佳的人生选择。卡耐基想到自己的思维敏捷，对事物也有自己独到的见解，并且一位文化讲习会主讲人也断定他将具有非凡的演说能力，这也许就是自己最得意的事情。再结合瓦伦斯堡州立师范学院对学生演讲能力的重视，他决定要在演讲的道路上发展。至此，卡耐基正式开始了自己的演说生涯。

和卡耐基一样，在生活中，我们总会遇到麻烦事，并且会因为这些麻烦产生自卑心理。然而，我们却忘记了上帝是公平的，他总会赋予我们一些引以为自豪的东西，卡耐基最得意的事情是敏捷的思维、独到的见解，他因此找到了前进的方向，从而摆脱了自卑。那么，我们最得意的事情是什么呢？很多人会破罐子破摔，说自己没有最得意的事情。洪亮的声音，美丽的瞳色，漂亮的长发，健康的身体，甚至干净的指甲，都可以是我们最得意的事情。总之，没有人是一无是处的。

常常想自己得意的事情，是一剂神奇的催化剂，它可以使烦恼和忧虑转变成快乐。另外，把你的注意力集中在那些顺利的事情上，你不仅可以得到更多的快乐，你面对的事情也会变得出奇的顺利。心理学家早就说过，我们正在用自己的思想缔造生活，你心中想什么，就会得到什么。所以，停止那些消极的思想吧，多想些快乐、得意的事情。这样，你就会被快乐和幸福所萦绕，从而让自己生活得更惬意。

如果我们细心地观察就会发现，实际上我们有很多引以为豪的东西，因此，能让我们幸福的秘诀就是将自己的注意力集中到那些我们最得意的事情上。我们只要把精力放在每件事情理想的那一方面，就是获得快乐生活的最佳途径。人长期处于某种情况下，由于太熟悉了，便因习惯而麻木，没有感觉了。所以，我们要经常提醒自己，不要到失去时才想起曾经的幸福。幸福需要提醒，否则容易被我们忽略掉。

即使当我们一无所有时，也应该提醒自己：我很幸福，因为我还有健康的身体。即使不再享有健康的时候，我们依然可以微笑着说：我很幸福，因为我还有一颗健康的心。甚至当我们连心也不再存在的时候，我们仍旧可以对宇宙大声说：我很幸福，因为我曾经生活过。

卡耐基的"幸福的游戏"能帮助我们养成幸福的习惯：每天早晨下床之前，不妨先默默地把自己最得意的事情在脑海中回放一遍，同时在脑中描绘出一天可能会遇到的幸福蓝图，然后愉快地对自己说："真好，幸福的一天又开始了。"其间，若有不幸的想法进入你的脑海，你就立即用幸福的想法将不幸摒除在外。如此一来，不论你面临什么事，"幸福的游戏"都会产生积极性的效用，帮助你面对任何事，甚至能够将困难与不幸转为幸福。

卡耐基思想精华：

只有我们自己有能力决定幸福或是不幸——一个好的意念就是幸福的开始，有好的意念就会有好的行动，好的行动才会产生好的结果。想自己最得意的事情就是这个好的意念。

如果我们失去了前进的力量　不妨看看偶像在困境之中是怎样应对的吧。

——卡耐基

榜样的力量

一个晚上，卡耐基在青年会夜校讲课。

一位新来的男青年学生打断了他的讲演："戴尔·卡耐基先生，您说的一切都与怎样演说无关，我们不需要心理医生，我们只要一位充满机智的教师，而不是像您这样只会胡说八道。"

这个新生班的学生立刻又吹口哨又拍桌子地闹了起来。卡耐基想不出好方法来平息学生闹场，只好手足无措地面对像爆炸了似的教室里的人群。青年会主任恰好碰见了这种情形，她满面怒容地走进教室，无视卡耐基的存在，宣布今天的课程到此为止，然后要求卡耐基到她办公室说清楚这件事。

结果，事态已经无法挽回了，卡耐基只好一言不发地走出教室。

这个结局令卡耐基很困扰："我的课程失败了吗？我又陷入困境中了？我该怎么办呢？我真的错了吗？"

卡耐基苦思一夜也没能给自己一个满意的答案。他来到纽约公共图书馆，找到自己的偶像——林肯的传记，读了起来。

"1842年秋天，林肯取笑了一位自负而好斗的爱尔兰人。林肯在《春田时报》刊登出一封未署名的信，讥讽了那位詹姆斯·史尔兹一番，令镇上的人都捧腹大笑起来。史尔兹是一个敏感而自傲的人，气得怒火中烧。他查出写那封信的人是谁，跳上马，去找林肯，向他提出决斗。林肯不愿与他决斗，但为了面子又不得不决斗；对方给他选择武器的自由，他选了惯用的长剑。决斗那一天，他和史尔兹在密西西比河的一个沙滩碰头，准备一决生死。

"但是，在最后关头，他们的助手阻止了这场决斗。这是林肯一生中最恐怖的私人事件。从此，他再也没写过一封侮辱人的信件，他不再取笑任何人了。而且，他几乎没有为任何事批评过任何人。"

卡耐基顿时觉得豁然开朗，他边读边抄下这段故事。之后，他开始雄心勃勃地准备开设自己的"卡耐基课程"。

那么，卡耐基从林肯的经历之中学到了什么呢？

众所周知，林肯是卡耐基的偶像。偶像因为自己的恶作剧差点和别人决斗，虽然最后他们的决斗被人阻止，但是这实在是一次很恐怖的事件。林肯从中得到的教训是"他不再取笑任何人了"，"他几乎没有为任何事批评过别人"，而不是翻来覆去地想这个事件的经过，也不是要在这个事件之中找到谁几分对谁几分错。林肯只是吸取了整个事件的教训而已，而不是将思考停留在事件本身。这就是卡耐基从林肯身上学到的。他停止了埋怨那帮学生和那位女主任，他不再纠结于自己是对是错，是否要改。卡耐基也依着榜样的办法给了自己一个忠告：不要随意批评别人，不管别人是对是错。

那我们能从这件事情当中学到什么呢？当然是榜样的力量。我们会遇到各种各样的问题，那我们要如何面对这些问题呢？不妨给自己一个榜样，看看榜样是怎么应对生活之中的悲喜的。榜样的力量不是说不管什么事情都按照他所采取的措施去行动。很显然，榜样也是人，他们也会犯错误，他们在面对人生中的问题时也会走很多的弯路，那我们就需要仔细地研读他们在抉择或者应对之时的行动。

榜样妥善应对了某个问题，能给我们很好的参照系；榜样在应对某个问题时犯了错误，更加说明了我们在这个问题上犯错误是可以被原谅的，关键是犯了错误之后怎么办。

卡耐基思想精华：

现代生活之中，竞争机制残酷，人们已不堪重负，我们不妨给自己一个榜样的力量吧。这个力量会激励我们不断前进，也会不断地给我们安慰。给自己一个榜样并不是什么见不得人的事情，激励大师卡耐基就有自己的榜样——林肯先生。

经常与自己说说话，能帮助自己正确认识勇敢与自信，幸福与平安；经常提醒自己，哪些事情值得时时感恩，这样，你的内心深处就会宽广坦荡，充满阳光。

——卡耐基

走出单调的生活

卡耐基从事销售员工作的另一个差事是推销货车。可是，在工作几个月后，卡耐基依然不懂自己所卖的货车。尽管他曾努力要做好这项工作，可是那些诸如发动机、车油和部件设计之类的机械知识，无论怎么学都无法引起卡耐基的兴趣。

又一次失败的汽车销售之后，老板严厉地训斥了卡耐基："卡耐基，你竟然这样不中用！现在，我警告你，不要再和客人谈那些有关公司创始人密斯特尔斯和威廉·派克尔德的事迹，你只要一心一意地为我卖掉这些汽车，否则你就会像那人一样！"经理一边说，一边用手指头指着那边街上的一位中年乞丐。卡耐基再也说不出什么话来，只能唯唯诺诺地不断点头。

此时，他的心里是难以用语言来形容的。他在心里大声对自己说："烦死啦！我都在做些什么呀？我怎么会如此不中用呢？堂堂的艺术学院毕业生，竟然连一个简单的工作也做不了！"

烦闷的情绪持续了几天，有一天晚上，卡耐基躺在床上分析自己："我发现造成疲倦的主要原因……是几乎所有人都相信越是困难的工作，越是要有一种用力的感觉。我也是如此，一旦走进货车专卖柜就集中精神，就皱眉头，耸起肩膀，要所有肌肉都来'用力'，进而使自己疲惫不堪！"次日，卡耐基的笑容回来了，他将自己那贫乏的汽车知识抛到一边，假装自己很喜欢这份工作，不管老板或是顾客要求什么，他都热情地回应。

几天之后，老板将卡耐基调离了销售汽车的岗位，让他去销售自己感兴趣的东西去了。因为卡耐基的表现让老板了解到：卡耐基非常乐意做任何工作，并且毫无怨言。

在这个案例中，我们可以看到，最终带领卡耐基得到自己感兴趣的工作的，不是熟谙汽车知识，而是他心理状态的变化。假装喜欢某种工作会让单调的生活充满乐趣，也会得到意想不到的收获。假如你装作对工作很感兴趣，那么，至少你的心态会开始积极活跃起来。更进一步，这也许会把你的假兴趣变成真兴趣。最重要的是，假装快乐后，我们的疲惫感、忧虑、厌烦等负面情绪就会减轻。

经常与自己说说话，给自己鼓鼓劲，告诉自己："你其实很喜欢这项工作，你现在是快乐的。"这能帮助我们正确认识勇敢与自信，幸福与平安；经常提醒自己，哪些事情值得时时感恩，这样，你的内心深处就会宽广坦荡，充满阳光。单调的生活也不再单调，枯燥的工作也不再枯燥。

当然，除了卡耐基这种在工作之中寻找快乐的方法，在现实生活之中，如果我们对单调的生活产生厌倦，还可以采用很多其他的方法来调节。和朋友聚会、参加各种同好会、听音乐会、看电影、旅行……总之，在条件允许的情况之下，多参加一些业余活动也会缓解单调工作带来的倦怠。

总之，生活是缤纷多彩的，单调的生活也是可以调节的，只要我们多多利用身边的资源，多参加活动，就能找到自己的多彩的生活。

卡耐基思想精华：

单调的生活从来不是人类生活的主题，我们从远古时代就开始描绘我们的美好生活。在如今高速发展的时期，虽然我们与大自然亲近的机会少了，但是我们的娱乐方式多了。我们不妨发展一项自己喜欢的爱好，也许只需要那一种爱好，就能将我们单调的生活变得丰富多彩。

我们的思想决定我们的行为，我们的态度主导我们的生活。

——卡耐基

与人为善，正直无忧

在一次电台采访之中，主持人问了卡耐基这样一个问题："在你的人生旅途之中，所得到的最大启示是什么？"

卡耐基说："这对我来说并不是难题。我得到的最大的启示是思想造就人，一个人具有怎样的思想非常重要。如果你的思想是邪恶的，那么你的一生就都会偷奸耍滑、蝇营狗苟；如果你的思想是善良的，那么你的一生都会与人为善、正直无忧。"

正如卡耐基所说，我们的思想决定了我们的性格、态度，以至于行为。具备怎样的人生态度，就决定了我们将来会走怎样的人生道路。

作为一个人，首先应该考虑的问题是——为自己选择正确的思想——这也是最难的。如果想要愉快幸福的生活，那么，我们的思想首先应该是积极向上的，应该是充满快乐的。假如脑子里充满邪恶和忧愁，我们的生活也必定是抑郁灰暗的。思想里有恐惧，心里就会产生恐惧。思想的不正常，会导致身体的不正常。思想当中充满了挫折感，那么，失败早晚都会来临。

当然，人生没有简单到可以通过我们的思想态度一蹴而就地得到改变。但是，我们的确应该摆脱那些消极的人生态度，代之以积极的思想。

这就好比，我们在熙熙攘攘的人群之中，与其忧虑我们该往哪里去，还不如去观察人流的方向。这就意味着我们在对问题进行认真的分析，接下来就会知道该怎么办，而担心、发愁只能让自己心烦意乱地转来转去，什么问题也解决不了。那么，如何从根源上消除这些忧思呢？很简单，与人为善，王直无忧。

什么叫与人为善？

首先，不做亏心事。现代社会，物欲横流，无论是生活还是工作，勾心斗角、尔虞我诈，充斥其中。人们往往为了一己私利做出违背良心道德的事情。而这个社会中，良心道德的底线越来越模糊。很多人甚至开始打法律的擦边球，何谈道德约束一说？久而久之，未遭到实质性报应之前，良心已经无法控制地颤抖，整日忧思忧虑、防人防己，最终形如枯槁。

其次，不要做武断的评价。对同一件事情，人们基于不同的立场、不同的文化、不同的认知，会有不同的做法。我们在没有深入了解之前，不要做武断的评价。

最后，宽以待人。我们必须明白，人是可以犯错误的，人也是避免不了被伤害的。如果我们受到了伤害，我们是要以牙还牙还是一笑而过？以牙还牙，会是一个我伤害你、你伤害我的恶性循环；一笑而过，则是用宽容融化了仇恨。与其将宝贵的时光浪费在恶性循环里，还不如一笑而过继续享受生命的美好。

什么叫正直无忧？

这就是说，我们需要有自己的底线——正直。我们不做亏心事，我们不做武断的评价，我们宽容，我们圆滑，但是我们也绝对要正直，要严以律己，这是我们的立身之本。

卡耐基思想精华：

一颗正直善良的心是避免伤害的最佳防御。也许不伤害他人，我们也仍然会受伤害。但是，如果我们以伤害他人为代价来换取利益，则必然会受到上帝的惩罚。所以，与人为善，正直，才会无忧。

假如你的赞美与欣赏全都符合事实，那么她的快乐也就有了依托。

——卡耐基

给予对方真诚的赞赏

卡耐基的祖母在弥留之际，想要看一张她自己30多年以前的照片。她的眼睛已经看不清楚东西了，可是她问了一个问题："亲爱的，我当时穿的什么衣服？"一如平常的口吻，似乎是在问自己的老伴。这位生命即将走向终点的老妇人，丧失了活动能力，已经记不清自己的儿女，却依然关注自己30多年前的穿着，依然想要得到丈夫的赞美。卡耐基走上前去，像祖父一样握住祖母的手温柔地在她耳边说："亲爱的，你无论穿什么都很漂亮。"祖母听到这句话之后，安心地闭上了眼睛。

无论男女，都期望被赞美、被爱。所以要想幸福，就要真挚地向你的家人表达赞美和爱。

对于大部分男人来说，五年前自己穿什么衣服、什么衬衫，大概都不记得了，关键是，根本没有打算去记，可女人不是这样。卡耐基的祖母在弥留之际，神智已经不清，但是她仍然在记挂着自己老伴对自己的赞美。卡耐基深谙自己祖母的心理，在假装成祖父对老太太表示了由衷的赞美之后，老太太才安心地闭上了眼睛。

看到漂亮的女性在美观与得体的装束方面的努力，我们应该表示欣赏和赞美；享受了妻子做的可口的晚餐之后，我们应该表示赞美；穿上妻子为我们熨烫的平平整整的西装的时候，我们应该表示赞美……生活之中，妻子的这些点点滴滴的付出，我们都应该表示赞美。

这不仅仅是对她们付出的认可，更是一种发自内心的感谢。她们为了家庭无私地付出，当她们得到我们的赞美的时候，她们的心里会有一种满足感与成就感。如果我们的赞美与欣赏全部符合事实，那么，她们的快乐也就有了依托。

世界上没有不喜欢听好话的女性，而她们的付出也实在是应该得到赞美。那么，作为丈夫的我们为什么不给她们一点赞美呢?

不少人婚前对对方的一举一动都十分欣赏，赞美之词溢于言表，甚至将缺点说成优点，将缺憾说成美丽。可一旦结婚成家之后，彼此露出了"庐山真面目"，就再也没有了表扬、赞美的言语。

其实，夫妻相爱应学会相处，赞美就是相处的一种艺术，是夫妻感情的润滑剂。每个人都需要不同程度地实现自我价值。配偶是相守时间最长、最互相了解、最值得依赖的人，配偶的赞美就是一种被接纳、被欣赏、被肯定、被感激的最佳表达方式，它会使人的自我价值得到充分的肯定，从而增加对生活和工作的信心，这也是爱情之树常青的关键。

相反，如果指责多于赞美，把对方的某些特点——外貌、举止、习性等都看成一种缺陷，用不友善的态度去理解配偶的一言一行、一举一动，夫妻感情肯定就会出现麻烦。别小看生活中的磕磕碰碰，阴影一旦形成，天长日久，就会增加猜忌和不信任感，从而导致相互贬斥;也有人因得不到对方的称赞而自卑，从而怀疑婚姻的稳定性。

也许有人认为，婚后彼此已完全知底，撕下了神秘的面纱，往日的魅力已随时间流逝不复存在，没有什么值得赞美的。其实，两个人相处只要多用宽容甚至赞许的态度去看待对方，就会重新找到对方的魅力。夫妻之间不是缺少美，而是缺少发现。一位朋友偕着他的妻子对别人说:"我的妻子并不漂亮，可她心地善良，在我眼里，她是最美的。"这一番表白，他的妻子怎会不感动呢？恩爱的夫妻总是在举手投足之间发现对方的美，并不失时机地告诉对方，让对方陶醉。爱情的逻辑就是：你给予对方的多，得到的回报也就多。每一次恰到好处的赞扬，都是一次爱的升级。

卡耐基思想精华：

画家梵高说过："偶尔才有的一个赞扬足以让我高兴一星期。"爱情在这个千变万化的世界里诞生、成长，需要我们处处留神，小心呵护。假如我们想要让自己的家庭生活充满幸福快乐，那么一定要记住：真诚的赞赏是幸福家庭的保障。

第五章

卡耐基人际关系
思想精华集锦

　　事实上，无论什么人，企图完全与世隔绝，超凡脱俗，一个人独居自处，排除一切人间的纠葛和纷争，这在任何时候都是办不到的。

　　本章内容将告诉你怎样在社会交往中如鱼得水、游刃有余：以心换心、相互沟通，在人与人之间架设一座爱的桥梁；消除紧张和畏惧，在各种公开场合谈吐自如、滔滔不绝，以与众不同的演说说服和感动每一位听众；为了达到预期的目的，运用各种方式来说服对方，形成一种特殊的"力"，使各种形式的谈判活动朝着有利于自己的方向进行。

假如你想成为一个巧言善辩的人，那么，先做一个善于倾听的人吧。

——卡耐基

学会倾听

卡耐基应邀参加一个纸牌会，可是，他不会打牌，当时有一个美丽的女子也不会打牌。于是，他们就聊了起来。卡耐基告诉她说："在汤姆士没有从事无线电事业的时候，我曾做过他的私人助理。借此机会，我曾到欧洲各地旅行过。"她听了之后，马上说："哦，卡耐基先生，真想听你说说你曾到过的地方，还有你见过的那些奇妙的景象。"后来，她无意之中提到自己的丈夫。她说他们两个前些日子去了一次非洲。卡耐基感到很有趣："是吗？非洲？太好了！我一直想去那里看看。可是只在爱尔裘图待过 24 个小时。剩下的地方还真没去过。和我说说，你是否去过那些经常能见到野兽的小村落？真是令人羡慕！和我说说吧！"于是，他们整整聊了四十五分钟。她再也不让卡耐基说他去过哪里，都有哪些见闻了。她并不是真的想听卡耐基说自己的见闻，她想要的其实是一个能认真倾听她讲述的人。

在我们的身边，这样的女子有很多。那么，我们要怎样对待这样的人呢？正如卡耐基所做的那样，认真地倾听就是对他人最自然、最有效的恭维。在现代社会，我们很多人都熟悉这样一个场景：公司的会议室里，烟雾缭绕，不时听见人们的咳嗽声，不知是烟呛的，还是对会议讲话人的不满。开了一上午的会议，我们感觉特别累，不仅是坐着累，听着也累。可能是人们已经习惯了开会，开多长都无所谓。一把手讲完了，副手讲，副手讲完了，环节干部讲，你一言，我一语。台上讲的人是口若悬河，下面听会的人喝茶抽烟、唠闲嗑、打哈欠，会议在"听我讲"的喧闹声中结束了。到头来，就是那么几个问题，与会的人有的是一头雾水，不知所然。这样的会议，是一种折磨。如何改善类似于这样的交流呢？答案仍然是倾听。好的倾听者，用耳听内容，更用心"听"情感。没错，正确的倾听态度是达到最佳倾听效果的前提。在管理领域，作为一个优秀的领导者，首先应该是一位出色的倾听者，善于倾听，才有人乐于向你倾诉。试想，一位不善于倾听的领导，下属刚一开口，就被他一句话给顶了回来，或是听也听了，就是不起作用，甚至给予批评和指责。没有引导鼓励的话语，没有好的思路的指引，没有听见好建议，久而久之，有哪个下属会没事找事呢？有话也都闷在肚子里，反正说了，领导也不听。不了解下属，怎能领导部下呢？又怎能做好工作？可见，学会倾听，善于倾听，对领导如何重要。

不论讲话者，还是听者，都要学会倾听。学会倾听是加强人与人之间的沟通、促进形成良好的人际关系的有效途径。作为讲话者，通过倾听人们的意见和建议，使讲话者的话更有说服力；听者，通过与讲话者沟通把自己的看法表达出来，使讲话者得到更多的启示，丰富自己的思想内涵和处世修养。学会倾听，寻求好的建议，进行科学的决策，不仅需要一定的"水平"，还需要充分了解事情的全过程，再高超的医术，也不能"望一眼"而对症下药。要充分了解事情的经过，自然从开始就要认真倾听，如果未仔细倾听，那最后会显得很没有水平。

人们都希望自己说话有人听，自己的观点有人赞同，自己的意志有人执行。作为讲话者往往在各种场合中，认为自己讲的问题有多重要，有多大分量，总是以自我为核心，站在自己的立场上来讲事情，谈问题，提要求。殊不知，这样容易造成人们的逆反心理，形成抵触情绪，出现事倍功半的效果。

在人与人的交往中，倾诉是表达自己，倾听是了解别人，达到心灵共鸣。在人与人的沟通中，除了倾诉，我们还应该学会倾听。当一个人高兴的时候，我们要学会倾听。倾听快乐的理由，分享快乐的心情。当一个人悲伤的时候，我们要学会倾听。倾听痛苦的缘由，分析失意的原因，理解倾诉者内心的苦处，表示出怜悯同情之心，淡化悲伤，化解对方的痛苦。当一个人处于工作矛盾、家庭矛盾和邻里矛盾时，倾听矛盾的症结，帮助分析，为其分忧解难。

甚至于，当人们遇到各种各样的困难的时候，他们其实是知道应对方案的，只是心里太累了。所以，我们不妨给对方一个任意发泄的空间，认真地倾听他们的悲喜就可以了。

倾听具有广泛性，快乐的时候、痛苦的时候、幸福的时候，都需要倾听。学会倾听，能修身养性，陶冶性情；学会倾听，能博采众长，使人开拓思维，萌发灵感；学会倾听，能养成尊重他人的习惯，缓解矛盾，创造和谐的人际关系。学会倾听，是一种爱心，是一种关怀，是一种体贴，必将赢得亲情、爱情和友情。"造物主"给了我们两只耳朵，而只有一张嘴。学会倾听，实际上已经踏上了进步的阶梯。

人有两耳，只要不是先天失聪，他就能听，听说话，听音乐，听大自然中一切声音。但是，你会静下心来听别人说话吗？我们常常在学识不如自己的人面前表现出一副不屑一顾的神情，尽管你做得很不露声色；我们常常会在那些喋喋不休的人面前，表现出不耐烦，甚至会毫不客气地打断他；我们常常会在那些词不达意的人面前露出厌倦的神情，甚至会回敬一些尖酸刻薄的话语，令他难堪。

其实在我们的日常生活、学习、工作中，有很多丧失的机会，有若干阴差阳错的讯息，有不少失之交臂的朋友，甚至各奔东西的恋人，那绝缘的起因，都是我们不曾学会倾听。所以，当一个人把你作为朋友对你诉说时，请你一定要全神贯注地倾听。随着他的情感冲浪起伏，快乐着他的快乐，痛苦着他的痛苦。如果他高兴的时候，给他一个会心的微笑。如果他伤心的时候，把你的肩膀借他靠一靠。我想你的朋友一定会觉得，由于你的倾听，你的关爱，给他的孤独以抚慰，给他的无望以曙光；给他的快乐加倍，给他的哀伤减半。你是他最好的朋友之一，他会记得和你一道度过的难忘时光，这就是倾听的魔力。

听是需要学习的，只有认真地听，我们才能对周围的事有一个正确的感知，才能把先人的智慧据为己有，才能了解事情的全部，才能开阔自己的眼界和胸怀，走出狭隘。

倾听是一种色彩，学会倾听你会发现原来世界是这样的五彩缤纷。倾听是一种善良，学会倾听你会知道从此你不再孤单。倾听是一种幸福，学会倾听你会有更多的朋友，你就会有信任、有支持。倾听是一种能力，学会倾听你就会正确地选择。那么，我们要如何倾听呢？

第一，不自以为是。自以为是的人想要支配一切，却往往适得其反。下次听朋友倾吐，记得不要用自己的经验、价值观去评价或给建议。比如女友抱怨自己的老公，你只需"中立"地问她是不是对他很不满意，是不是感到很失望，是不是对他还有很多期望，而不需要任何的添油加醋。

第二，不喋喋不休。最好80%的时间听，20%的时间说。即使朋友想听听你的看法，最好还是保持像镜子一样，让对方看到自己内心的真实情况，引导、帮助对方剖析自己就可以了。

第三，不打无准备之仗。借鉴一下心理咨询师的做法，先评估自己有没有处理类似问题的经验，还有自己的生理、心理状况是否适合倾听。

第四，不"超载"。做"垃圾桶"不能超载。如果你感觉不舒服，不想再听下去了，不妨直接告诉对方，跟他说下次再聊，否则你自己得找人倾诉了。

卡耐基思想精华：

学会倾听就是学会一种美德，一种修养，一种气度。我们不能无休止地吵闹，无休止地争执；不能永远自以为是"听我讲"，要坚持经常"听大家说"。这不仅是对讲话者自己尊严的维护，也是对听者的尊重。

几乎所有的争论，都会使参加争论的双方更加坚持自己的观点。不管在表面上是否占了上风，争论中没有赢家。

——卡耐基

以讨论代替辩论

二战结束不久，在伦敦的一个晚上，有一件事让卡耐基大为受益。

一天晚上，卡耐基参加了一个为史密斯爵士举行的宴会。宴会上，坐在卡耐基右边的一位男士讲了个笑话，这个笑话里面引用了别处的一句话，他说那句话引自《圣经》。恰巧卡耐基知道那句话的出处，于是满怀优越感地告诉他，那句话出自莎士比亚的作品。他立即坚持说，不可能出自莎士比亚的作品，肯定出自《圣经》。于是他们争论起来。

正好坐在卡耐基左边的是他的老朋友法兰克·盖蒙，他非常熟悉莎士比亚的著作。于是卡耐基和那个人请教盖蒙。盖蒙听后，用脚在桌子底下碰了碰卡耐基，然后说卡耐基搞错了，那个人是正确的，那句话出自《圣经》。

在一起回去的路上，卡耐基问盖蒙怎么回事，因为他明明知道卡耐基是对的。他说："是的，就在《哈姆雷特》第五幕第二场。但是亲爱的戴尔，我们都是作为客人去参加宴会的，为什么要指明是他的错误呢？那样他会对你有好感吗？为什么要让他丢脸呢？他没有问，而且也不需要你的意见啊，为什么要和他顶嘴呢？要永远避免和他人面对面地对着干。"

"要永远避免和他人面对面地对着干。"虽然说这句话的人已经去世了，但是卡耐基永远记住了这句话。

卡耐基从此明白了一个道理：在争论中获胜的唯一方式，就是避免争论。

绝大部分的争论，结果都会使双方比以前更加坚持自己的立场和观点。在争论中没有赢家。不管你是否在争论中占了上风，本质上你都是输了。即使你在争论中把别人驳得体无完肤、一无是处，又能怎样呢？你可能暂时会高兴，但对方的自尊心受到了伤害，会对你产生怨恨。并且即使口服，他的心也不会服。

争论无法消除误会。对待别人的不同看法，我们要依靠技巧、协调、宽容，还有同情。

那么，如何避免争论呢？卡耐基给出了以下九种方法。

第一，欢迎意见。

有这样一句话："人们不需要意见总是相同的伙伴。"如果有人提出了你没想到的东西，你就应该表示衷心感谢。不同的意见可以使你避免犯重大错误。

第二，不要盲信直觉。

当有人提出不同意见的时候，你最开始的自然反应是自我保护。你要谨慎，心平气和，注意你的直觉反应，因为这可能是你特别不好的地方。

第三，控制情绪。

记住，根据一个人在什么情况下会发脾气，可以判定这个人的气度以及作为。

第四，首先倾听。

给予你的不同意见者表达的机会。不要打断他，让他把自己的意思完整地表达出来。用心地倾听，增加沟通和了解。

第五，寻找相同点。

在你听完了持不同意见者的话以后，首先去寻找你和他意见相同或相近的地方。

第六，诚实为本。

发现自己的错误，就要勇于向对方承认，并为此而道歉。这有助于沟通和减轻对方的敌对心理。

第七，答应认真考虑不同的意见。

要真心地承认，他的不同意见可能是对的。因此，答应考虑他们的意见是比较聪明的做法。不要等对方对你说"我早就对你说了，但是你却不听"而让你感到难堪。

第八，感谢持不同意见者的关心。

因为关心同一件事情，所以才产生不同的意见。把他们看作能给你带来帮助的人，也许他们会成为你的朋友。

第九，不急于行动，给双方时间。

适当地停下来，把事情更仔细地考虑一下，再举行会谈。在准备期间，想一想："他们的意见，会不会是对的？或者部分是对的呢？他们的立场或理由是不是有道理呢？我的反应是基于客观问题本身还是自己的主观感受呢？对方因此和我的分歧是更大还是更小呢？我的反应会不会让别人对我的看法更好呢？我将会胜利还是失败呢？假如我胜利了，会让我付出什么样的代价呢？假如我保持沉默，分歧就会不存在了吗？这个难题是给我的一次机会吗？"

卡耐基思想精华：

任何想有所作为的人，绝不会把时间浪费在和人争执上。你承担不起争执的后果，像发火、失去自制等。在拥有相等权利的事物上，要多让对方一些；即使在明显是你对的事情上，你也要让一下。

尊重对方的观点是永远不会为我们带来麻烦的，这不仅是解决争执的最好方法，还有可能使对方变得与我们一样宽宏大量，甚至是自我反省。

——卡耐基

尊重别人的观点

卡耐基曾经做过木材公司的推销员。刚开始，他总是毫不留情地指出那些木材检验人员的错误。他赢得了一些争论，却没得到一点好处。他知道，他虽然在斗嘴上占了便宜，事情却没有得到改变。于是，他决定不再只图口舌之快，要使用技巧。

一天上午，一位气愤的客户在电话里责备他们运去的一车木材和他们的规格完全不一样。一车木材刚卸了1／4，他们的木材检验员便报告说，一半以上的木材不合格，因此他们要退货。

到了工厂后，卡耐基发现检验员闷着头，一副等着要吵架的样子。他来到卡车前，请检验员把不合格的木料挑出来，单独放到一边。

卡耐基看出来，检验员不但检查得太严格，而且把检验规则搞混了。他平静地观察着，并温和地问他某些木料的哪些地方不合标准。他丝毫没有表示检验员检查错了。他虚心地向这位检验员请教，因为他希望以后送来的木材，能满足这家公司的规格要求。

这种非常友好而合作地向检验员请教的态度，还有非常配合地请检验员把不满意的木材挑出来的举动，让这位检验员高兴起来，于是彼此间的紧张情绪开始消退了。卡耐基偶尔谨慎地提几句，有些检验员认为不能接受的木材可能是合格的，也使检验员觉得这些木材对得起它们的价钱。

结果，检验员重新检验了一遍挑出来的木材，并且全部接受了。卡耐基收到一张全额支票。

这个案例后来被卡耐基运用在他自己的演讲中，用来证明一个观点："不要和顾客、爱人或是你的对手争论不休，不要指出他们的不足，不要让他们怒气冲冲。请先尊重对方的观点，不管对方是对是错。"因为，如果我们直接指出某一个人的错误，不仅收不到好的效果，而且还会造成很大的麻烦。这种指责就是伤害了对方的自尊，并且使自己受到他的抵触。所以，我们不妨先放下自己的观点，先倾听对方的观点。这种倾听实际上就是尊重对方的观点。在对方感受到这种尊重之后，他们就能静下心来，了解我们的观点。

在卡耐基与检验员之间正是这样的一个良性循环。卡耐基先诚恳地以检验员为主，他倾听检验员的想法，虚心地向检验员请教。这样的态度让检验员感受到了卡耐基对他的尊重，于是，检验员也开始静下心来，重新检验一遍木材。

我们试想一下，如果卡耐基还是像以前一样，到了工厂就和检验员理论起来，肯定还是和以前一样的结果：赢得一些争论，没有一点好处。因为这种方式已经对检验员的智慧、能力、尊严造成了伤害，其结果只能引起对方的反感，甚至还击，而对方的观点绝对不会动摇。

当我们以为自己是绝对正确的时候，就会忽略对方的观点。一个伟人——罗斯福曾经说，如果自己的决策能达到75%的正确率，那么，他就会感到很了不起。这样一位伟人告诉世人自己的决策只有75%的正确率，那么，我们这些普通人又能达到多少的正确率呢？况且，一件事情，从不同的角度来看会有不同的结果。当我们站在这个角度去指责对方的时候，我们如何保证对方也是站在这个角度呢？

因此，任何对他人的指责都是不尊重对方观点的表现。这种不尊重只会刺激对方更加激烈地还击。所以，我们为什么还要陷入这样的怪圈呢？我们为什么不先去了解对方的想法呢？我们只有先尊重对方，才能得到对方的尊重。在互相尊重的前提下，没有沟通解决不了的事情。

卡耐基思想精华：

2000年前，耶稣说过："尽快同意反对你的人。"4000年前的一天下午，埃及阿克图国王在酒宴中对他的儿子说："圆滑一点。它能让你得到你想要的。"这个忠告对于今天的我们，依然弥足珍贵。因此，良好的人际关系需要我们尊重别人的观点。

当你认为自己是正确的，就要委婉地、友好地使对方同意你的看法；当你错了，就要马上真诚地承认。这种方法比起为自己争辩，更有效，而且有趣。

——卡耐基

坦诚地承认自己的错误

卡耐基住在纽约的中心位置，距他家步行一分钟的路程有一片树林。春天来了，一丛丛黑草莓中间长满了白色的野花，松鼠在树林里快乐地生活着，草长得和人一样高。这片没有被破坏的林地叫作森林公园。没错，它的确是一片森林，当卡耐基深入其中的那天下午，所看到的景象跟哥伦布发现美洲大陆没有两样。卡耐基和他的小波士顿斗牛犬雷斯常到公园散步，雷斯很听话，从不咬人。卡耐基也没有给它拴狗链或戴口罩的习惯，况且公园里的人很少。

一天，他们正在公园里散步，一位骑马的警察过来了，他急着要摆摆自己的架子。

"你为什么不拴狗链，让它在这儿乱跑？"他斥责卡耐基，"你不知道这是违法的吗？"

"啊，我知道，"卡耐基温和地对他说，"但它不会在这儿咬人的。"

"不会！法律不允许你这种自以为是的看法。它很可能咬死松鼠或咬伤小孩。如果下回我再看到这只没有拴链子的狗，那你就准备自己去找法官吧！"

卡耐基礼貌地答应下来。

卡耐基试着做了几回，但雷斯很不耐烦，卡耐基索性不让它这样受罪——他们又像原来一样出来了。但没过几天就遇到了麻烦。一天下午，雷斯和卡耐基正在一座小山坡上赛跑，卡耐基突然看到了那位警察跨在一匹红棕色的马上向他走来。雷斯正向警察直冲过去。

这下可倒霉了，但卡耐基已做好准备，不等警察开口就先发制人："警官先生，您当场逮到我了，我不会再找借口了，我有罪。您上礼拜已经警告过我要罚我的。"

"没什么，"警察变得温和起来，"人这么少的地方，谁都会带这样可爱的小狗出来散散步。"

"没错，"卡耐基答道，"可这是违法的呀！"

"这么小的狗应该不会咬人吧。"警察反而为卡耐基说话了。

"可它可能会咬松鼠的。"卡耐基说。

"到不了那种地步，"警察说，"这样吧，你让它跑过这座小山，只要我看不到，就没事啦！"

警察也是人，他也想得到别人的尊重，当卡耐基责怪自己的时候，就是满足了警察的自尊。

卡耐基没有和警察起正面冲突，因为他知道，那个时候，他肯定是绝对错了，对方绝对没错。于是，他爽快地承认了自己的错误，事情就在融洽的气氛下解决了。

当我们免不了会受到责备的时候，就抢先认罪吧。自己责怪自己总比受别人责备要好。

当你知道有人想责备你的时候，就先把对方的话说出来，那他就拿你没办法了。他会宽宏大量地原谅你的过错，就像那位警察对待卡耐基和他的小狗那样。

当你坦然面对自己的错误时，会感到某种意义上的满足。因为这消除了自己的罪恶感，也在某种紧张的气氛下保护了自己，更有利于迅速准确地解决错误。

傻子也知道为自己的过失辩护，但如果一个人能主动去承认错误，就会改变别人对自己的看法。

当我们确信自己正确，就要委婉地、友好地使对方认同我们的看法；当我们错了，请对自己诚实一些，马上真诚地承认吧。信或不信是你的问题，这种技巧不但能产生意想不到的效果，而且非常有趣。

因为，争辩绝不会使你得到满意的结果，退一步海阔天空，会有更多的收获。

卡耐基思想精华：

承认或许是自己搞错了，就能避免争论，并且可以使对方像你一样变得宽容，承认他自己也可能会搞错。当你希望别人赞同你时，请记住："当你错了，就立刻真诚地承认吧。"

对别人发火，出言不逊，你会暂时感到解气，却会让对方难受。你那火药味十足的口气、充满敌意的态度，只会让他和你作对。

——卡耐基

以友善的方式赢得别人的赞同

卡耐基曾经用友好的姿态，解决了一个索取赔偿的案子。

建筑公司忘记了在卡耐基的房子中建排水沟，导致雨水渗入房屋底层的水泥地板里，地板裂了，水淹没了地下室，损坏了里面的东西，要花2000多美元来维修。

在往建筑公司赶的时候，他思考着怎样和建筑公司交涉来解决问题。他明确了一点，他是绝对不能发火的。他进了负责人的办公室，先和他谈最近的股市，再和他谈近期的橄榄球赛，直到两人相谈甚欢的时候，卡耐基才说起地下室进水的问题。对方马上答应解决这件事。

没过几天对方打来电话，说他们公司不但会负担修理的钱，还要把排水沟给建起来，以免再被水淹。

即使是建筑公司的错误，可假如卡耐基从一开始就气势凌人地告诉对方："你们没给我的房子装排水管，导致我损失了2000多美元，你们必须给我赔偿金。"那么，事情会越来越复杂。

如果我们让别人心中产生了不满，那么，我们就很难让对方对我们的观点或者要求说"是"了。那些喜欢指责孩子的父母、独断专行的上级、整日唠叨的家庭主妇，从他们身上我们可以看到：要想改变一个人的思想真的很难。

我们无法强制他们赞同我们，可是，我们绝对能做到对他们加以指导，只要我们拥有和善的态度。假如我们想得到别人的赞同，一定要先让他们明白我们是他们最真诚的朋友。卡耐基在索赔之中，和负责人的闲聊不仅仅是闲聊，而是一种拉近双方关系的方式。这场闲聊下来，卡耐基和负责人其实已经成了好哥们儿。关系拉近之后，自然就好办事了。所以接下来卡耐基的正事才会那么顺利地得到解决。

在现实生活中，良好的人际关系离不开一个友好的开端。友好的开端是良好人际关系成功的一半。没有人愿意和颐指气使、盛气凌人的人做朋友。如果我们一开始就摆出一个强势的姿态，那么，对方会很反感，从而疏离我们。这不仅仅是在对方心目当中留下了一个不好的印象，更是给了自己一个难以接近的标签。因为，在人际交往之中，很多消息都是口口相传的。我们在一个人心目之中留下不好的印象，这个不好的印象会在口口相传之中被扩大无数倍，最后我们就成了一个非常怪癖的人。最终，我们就会发现，我们不是被一两个人拒绝了，而是被整个人际圈拒绝了。

卡耐基思想精华：

100多年前，林肯引用过一句话："一滴蜂蜜比一斤胆汁，粘的苍蝇更多。"人也是这样的，如果我们希望别人赞同我们，一定要让他们明白我们是最真诚的朋友。这就如同一滴蜂蜜，一下就把他的心吸引住了，于是，想走进去很容易，因为那里已经为你敞开了一条宽阔的道路。所以，用一滴蜜去润泽一个人的心，这才是聪明的做法。

当我们的朋友在我们面前显能时，他就觉得被人重视而高兴；当我们在他的面前显能时，他就会感到压抑，甚至产生嫉妒的心理。

——卡耐基

让对方多谈自己得意的事情

在一个商业宴会上，卡耐基和一个公司的负责人聊了几句，他发现这个负责人有意愿让公司的高层参加卡耐基的培训。于是，卡耐基也有意愿少说多听，于是对方开始兴高采烈地谈起了自己的创业史。当对方发现卡耐基几乎没怎么谈自己的事情时，说："卡耐基先生，很抱歉，我是不是说得过多了？"卡耐基摇了摇头说："不，我很喜欢听您的创业奋斗史，那很有意思。我只是喉咙不舒服而已。"对方听到这样的回答很高兴，渐渐地说起了很多很有意思的事情。宴会结束时，对方很真诚地对卡耐基说："卡耐基先生，和您谈话真令人愉快。我们公司正好要组织一个培训，不知道您有没有兴趣帮我们策划这场培训？"

卡耐基成功地拿到了一笔生意。

大部分人要使别人认同自己时，总是说得过多。推销员更是这样，往往得不偿失。尽量让对方表现吧，对他自己的事，他比你更清楚。请教他，让他来说。

不要打断别人，因为那样很危险。当一个人有很多话要说时，他是不会注意你的，要耐心地、开放地对待他，诚恳地让对方说出他的话。其实，我们每一个人都有自己得意的事情，我们需要与人分享。如果得到一个诉说自己最得意的事情的机会，相信每一个人都不会放过。那么，我们不妨把一个机会给我们对面的这个人，让他与我们分享他最得意的事情，因为，这会让他心情愉快。愉快的心情，愉快的氛围，我们就能很自然地和对方建立愉快的人际关系。

在案例之中，卡耐基并没有做过多的推销，只是在听着对方谈论自己的创业奋斗史，就拿到了一笔生意。对方奋斗这么久，终于有所成就，可是大多数人只是看到他表面的成功，而不知道他一步一步奋斗的过程。可是，卡耐基不一样，他耐心地倾听了那部辉煌的奋斗史。对方觉得能与卡耐基分享人生之中最精彩的部分，是一件很令人愉快的事情。这就奠定了相互合作的心理基础：眼前这个人肯定是一个令人愉快的合作者，反正公司的培训总得有人来做，与其交给那些只会夸夸其谈的人，还不如交给眼前这个令人愉快的合作者。

在现实生活之中，还有一种普遍的现象：当我们的朋友在我们面前显能时，他就觉得被人重视而高兴；当我们在他的面前显能时，他就会感到压抑，甚至产生嫉妒的心理。

或许，你工作不顺心更让周围的人舒坦些，而你一直春风得意却让人有些悻悻然。所以说，要尽量不提自己取得的辉煌战绩，要尽量显得谦虚，这样就容易让别人接受你。

要记住，我们都很平凡，没什么好骄傲的。人生一世，草木一秋。在这个世界上，我们最终都留不下多少痕迹。多倾听别人，多感受别人，不要得意扬扬地吹嘘自己，让人不胜其烦。说实话，我们也真的没什么好吹牛的，我们都只是地球上的生物而已。

卡耐基思想精华：

法国哲学家罗西费戈说："如果你在别人面前显能，你将得罪人；但如果你让他在你面前显能，你将会得到友谊。"这句话的道理在于，当我们的朋友在我们面前显能时，他就觉得被人重视而高兴；当我们在他的面前显能时，他就会感到压抑，甚至产生嫉妒的心理。所以，请铭记：倾听别人，谦虚待己。

发自内心地关心别人，是使别人主动跟自己合作的最基本的前提。

——卡耐基

怎样获得别人的合作

卡耐基的演讲风靡欧美之后，越来越多的单位都想邀请卡耐基进行成功学教育。可是，这时的卡耐基实在是忙得要命。他不断地推脱这些邀请。后来，西部一所院校也来邀请卡耐基，卡耐基委婉地拒绝了几次之后，对方仍然锲而不舍地邀请他。于是，他决定到这所院校进行一场针对大学生的励志演讲。刚好，在演讲前两天，卡耐基由于工作太劳累咽喉发炎。在演讲现场，卡耐基沙哑、低沉的声音回荡在整个礼堂。演讲进行到一半，卡耐基发现自己面前不知什么时候多了一盒喉糖。回过神之后，卡耐基才发现，原来是校方发现他声音有异，察觉到了他可能是咽喉发炎，特地为他去买了一盒喉糖。卡耐基当场感谢了校方的关怀，并表示"不虚此行"。演讲结束之后，卡耐基改变了"只演讲一场"的初衷，而是在这个院校进行了一系列的关于青年的讲座。校方用一盒喉糖换来了卡耐基的合作。

卡耐基后来表示，虽然只是一盒喉糖，但是那是校方发自内心地对他的关怀，与这样的伙伴合作，是一件极为享受的事情。

所以，我们可以看到，相对于共同的利益，发自内心的关怀其实才是双方合作的真正前提。当然，如果说我们为了对方能够主动跟自己合作而去关怀对方，会显得很功利化。然而，不得不承认，发自内心的关怀通常会带来意外惊喜，那便是对方主动递出的橄榄枝。

当然，除此之外，想要对方满足我们的要求，我们最好先满足对方的要求。这也会使对方主动和我们合作。在上述案例之中，校方的一盒喉糖不仅仅是一种人文关怀，更是卡耐基在咽喉又痒又疼之时的一颗良药。这一盒喉糖满足了卡耐基当时最迫切的需求。相应的，这盒喉糖带给校方巨大的边际效益——卡耐基答应在学校开设系列讲座——这是卡耐基主动提出的合作。

无论是对对方发自内心的人文关怀，还是首先满足对方的要求，其实都是以"他人中心"代替"自我中心"的运用。

似乎人们都有一种约定俗成的观念——自己的意见一定优于别人的意见，于是，人们都倾向于把自己的意见强加到别人身上，而对方大都不会心甘情愿地接受。既然对方都不是心甘情愿地接受我们的观点，那又何谈合作呢？所以，聪明的方法，还是换一个立场，站在对方的角度来看待对方的需求。这既是一种尊重，也是一种策略。

具体说来，卡耐基归纳了一些获得他人的合作的方法。

第一，让他人觉得想法是他自己的。没有人喜欢被强迫购买或遵照命令行事。如果你想赢得他人的合作，就要征询他的愿望、需要及想法，让他觉得是出于自愿。如果你想树立仇人，就必须表现得比你的朋友优越；如果你要得到朋友，就得让你的朋友表现得比你突出。多数的人，要使别人同意他自己的观点时，话说得很多很多。

应该给他人以说话的机会，使之能畅所欲言，充分地表达出自己的心声。如果你不同意他的意见，你也许会打断他的谈话。但不要那样，因为那样做很危险。当他有许多话急着说出来的时候，他是不会理你的。因此你要耐心地听着，抱着一种宽阔的心胸。要做得诚恳，让他充分地说出他的看法。每个人都重视自己，喜欢谈论自己，即使是你的好朋友也一样，他们可不愿听你唠唠叨叨地在那儿自吹自擂。

　　第二，善于从他人的立场看待问题。别人也许完全错误，但他并不认为如此。因此，不要责备他，试着去了解他。别人之所以那么想，一定有一个原因。查出那个隐藏的原因，你就等于拥有解答他的行为的法宝，也许是他的个性的钥匙。

　　第三，诚恳地请求对方的帮助。人类天性中最深切的动力是"做个重要人物的欲望"。请对方帮你一个忙，不但能使他自觉重要，也能使你赢得友谊与合作。

　　第四，化冲突为合作。团结能和平共存，分裂则会水火不容。

卡耐基思想精华：

　　人生在世，合作是非常重要的。随着知识面的爆炸，越来越多的工作已经无法由一个人完成。我们都是站在巨人肩膀上的人。无论我们现在做什么工作，还是只是单纯地生活，我们都是在前人的积累上生活、工作、进步的。

以别人的观点来思考，以别人的观点来看事情，是拉近你和对方之间关系的秘方。

——卡耐基

从他人的立场看待事情

卡耐基走进费拉德尔菲亚州一位著名鼻喉科专家的诊所。专家在检查他的扁桃腺之前，就问他从事哪一行。专家对他的扁桃腺大小不感兴趣，他感兴趣的是卡耐基钱包的大小。他主要关心的，并非他该如何治疗；他主要关心的是，他能从他人那里得到多少钱。结果呢？他什么也没有得到。卡耐基走出他的诊所，并蔑视他没有人格。卡耐基又换了一家诊所，这家诊所的医生采用完全不同的诊断方法。医生先是依据他提供的病况检查了一下他的扁桃体，然后告知详细病情，并提出了几种处方供他选择。这些处方中有疗效好、成本高的，有疗效低、成本低的，也有疗效一般、成本合适的。后来卡耐基选择了疗效高、成本高的那一种。

卡耐基在后来的演讲之中经常举到这个例子，他认为后一位医生的做法让病人很满意。这位医生是站在病人的立场上看病，并且提出了几种处方让病人了解之后去进行选择。

世界上充满这类人：贪婪、厌求。因此，少数不自私而真心帮助别人的人，就会有很大的收获，因为他没有什么竞争者。一个能从别人的观点来看事情、以别人的观点来思考的人，能了解别人的心灵活动，也不必为自己的前途担心。

卡耐基看医生的经历就说明了这一点，前一个医生没有考虑患者的感受，完完全全只是想要从眼前这个人身上捞钱出来，所以"检查他的扁桃腺之前，就问他从事哪一行。专家对他的扁桃腺大小不感兴趣，他感兴趣的是卡耐基钱包的大小。他主要关心的，并非他该如何治疗；他主要关心的是，他能从他人那里得到多少钱"。毫无疑问，卡耐基讨厌这样的专家，最终他拒绝了这个专家的诊断，并且鄙视这个专家的人格。后一个医生则是将病人的需求放在了自己利益的前面，"先是依据他提供的病况检查了一下他的扁桃体，然后告知详细病情，并提出了几种处方供他选择。这些处方中有疗效好、成本高的，有疗效低、成本低的，也有疗效一般、成本合适的"。卡耐基对这样的诊断很满意，这样的诊断真真正正地体现了一种人文关怀。于是，卡耐基很高兴地选择了疗效好、成本高的处方。

探查别人的观点，并且在他心里引起对某项事物迫切渴望的需要，并不是指要操纵这个人，使他做只对你有利而对他不利的某件事，而是两方面都应该在这种状况下有所收获。

成千上万的推销人员徘徊在路上，又疲惫、又消极，且收入不足。为什么？因为他们所想的一直是他们所要的。他们没有发觉，你或我都不想买任何东西。如果我们要买，我们自己会去买。但我们一直想解决我们的问题，如果一位推销人员能让我们知道他的服务或商品将如何帮助我们解决问题，他就不需要向我们推销了，我们自然会买。顾客喜欢感到是他自己要买，而不是被卖。

所以，成功的推销，成功的谈判，成功的讲价还价，以至于成功的人际关系，都需要我们首先站在对方的立场，从对方的视角来看待整个事件。这样我们才能发现对方的需求，才能针对对方的需求进行沟通，从而达到我们所预期的那个效果。

卡耐基思想精华：

中国有一句古话："知己知彼，百战不殆。"意思是说，我们不仅要了解自己，还要了解敌人，这样才能打胜仗。同样的，在人际交往之中，我们也要了解对方，才能以对方所期望的方式建立双方的关系。站在他人的立场看待问题是了解对方的最佳方式。所以，在人际交往之中，我们一定要时刻提醒自己：站在他人的角度思考问题。

　　我们每个人都有理想的成分，不管做什么，都愿意为自己找个好听的理由。所以，要改变别人，就要给他一个这样的理由。

——卡耐基

激发别人的高尚动机

　　有一次，卡耐基发现一家报纸刊登了一张他特别不想公开的个人照片，于是，给编辑写了一封信。他没有这样写："请你不要再刊登我那张照片，我不喜欢它。"他找了一个动听的理由。他利用人们尊重母亲的心理，写道："请不要再刊登我那张照片，我母亲不喜欢那张照片。"报社很快地更换了那张照片。

　　事实上，我们所遇见的每一个人，包括我们自己，都会把自己看得很高，都会认为自己是个真正的好人，总是无私地站在正义的一边。

　　J·皮尔波特·摩根在书中说："人做事，无非有两个原因，一个是真正的原因，另一个则是听起来很不错的原因。"

　　人人都清楚那个真正的原因，这用不着再讲。但是，每个人都是有理想的，总愿意找一个动听的理由。所以，要想改变他们，就要给他们一个这样的理由，从而激发他们那个高尚的动机。卡耐基就是这样做的，他只是说"请不要再刊登我那张照片，我母亲不喜欢那张照片"，就成功地让报社更换了那张照片。试着想想，如果我们是报社的负责人，在看到这样一句话之后，会是怎样的感受？我们会这样想："我也是一个孝敬的人，要是我母亲不喜欢我做某件事情，我也不会去做。我理解卡耐基尊重母亲的心理。照片用另外一张就行，可是如果令母亲伤心了，这将是不可弥补的罪过。所以，我们还是换掉这张照片吧。"

　　人性是恶的，也是善的。我们在这里不讨论人性的问题。无论人性是善是恶，似乎在人们内心深处都存在一种向善的力量。也许人们表现出来的行为不是纯粹的善意，但是在人们的内心深处都有那种向善的心理需求。如果我们能通过某种方式将这种需求引导出来，那么，这种向善的需求就能引导对方的行为。给对方一顶善意的"高帽子"，激发对方的高尚动机，是引导出这种需求的最为简单的方法。

　　当然，没有一种办法是万能的，也不是所有的人都吃这一套。但是，如果我们对目前的结果已经感到满意，那就用不着什么办法。如果我们不满意目前的结果，那就不妨试一试。

　　卡耐基认为，在没有得到准确信息之前，最好的办法，就是说对方是诚实、公正的，并且让他自己也这么认为，他就会积极而自愿地按照我们期望的那样去做。用一种可能更清楚的说法来说，一般情况下，人们都想变得高尚。这项规则的例外很少，而且给对方一个高尚的动机，对那些狡诈的人，反而会收到更好的效果。只要我们告诉他，我们认为他是诚实和公正的，那么他也会以一个诚实和公正的人的行为标准与我们合作。

　　卡耐基思想精华：

　　J·皮尔波特·摩根在书中说："人做事，无非有两个原因，一个是真正的原因，另一个则是听起来很不错的原因。"人人都清楚那个真正的原因，这用不着再讲。但是，每个人都是有理想的，总愿意找一个动听的理由。所以，要想改变他们，就要给他们一个这样的理由，从而激发他们那个高尚的动机。

要想更有效地吸引人们的注意，就不能只是有什么就说什么，还要把事实更鲜活、有趣并戏剧性地表达出来。

——卡耐基

戏剧化地表达自己的想法

相信有很多成年人都在为了和小孩子打交道而困扰。很多时候，成年人想要教导小孩子某种人类社会里面约定俗成的道德准则时，多半是在小孩子懵懂纯净的眼神中败下阵来——他们理解不了那些枯燥的语言。卡耐基也碰到过这样的情况。

卡耐基的小侄女小时候很调皮，经常是玩过的玩具到处乱扔，等到再想玩的时候，总是会发现缺少的那一块积木怎么也找不到了。卡耐基试图告诉她这样做是不对的，并举出很多具体的例子——隔壁的小皮特就是会整理自己的玩具的好孩子。可是小侄女不能理解皮特会整理玩具这件事情和自己有什么关系。卡耐基运用了各种方法都不奏效，小侄女依然我行我素，甚至开始"嫌弃"这个啰嗦的舅舅。

后来有一天，卡耐基突发奇想，他用小侄女的蓬蓬车接在小自行车后面，"制作"成了一辆"小卡车"。小侄女玩过玩具之后，卡耐基模仿开卡车的样子，从里面发出卡车行进的声音，边"开"着卡车边把玩具捡到后面的"车厢"里。小侄女见状，也和舅舅一起开着卡车，捡着玩具。后来，小侄女每一次玩过玩具之后，都会模仿开卡车的样子，一边开一边捡回玩具。久而久之，小侄女慢慢地改掉了不收拾玩具的坏习惯。

很显然，在这个案例之中，小侄女实际上不懂得大人讲的那么多复杂的道理。卡耐基只是以一种戏剧的形式给小侄女稍微示范了一下，小侄女马上兴高采烈地接受了"玩具玩完之后要收拾起来"这一信息。不仅仅是在和小孩子打交道时要注意交流的戏剧化表达，在我们日常生活与工作之中，也要注意在适当的场合运用戏剧化表达的方法。

不管你愿不愿意承认，这个时代充满了戏剧性。只是平铺直叙是不够的，必须更生动、有趣、戏剧化地表达事实，我们必须用一些方法来吸引人。电影是这么做的，电视也是这么做的，如果你想吸引人们的注意力，你也必须这么做。在这个社会里，有太多的东西吸引我们，很多时候，我们都不知道该把自己的眼光投向哪里。也就是说，如果你想要让别人同意你的观点，光靠空洞的语言去描述是远远不够的，甚至于连吸引到他人的眼球都办不到。因此，为了能达到有效的沟通和吸引他人的目的，我们必须运用一种更加生动、更加富有戏剧性的行动和语言。

在电视广告里，运用戏剧化的手法促销产品的例子很多。当你晚上看电视时，你可以分析一下里面的戏剧化手法，你会看到一种解酸剂怎样在试管中把酸的颜色改变了，而另一种解酸剂却不行；一种牌子的肥皂或洗衣粉怎样把油污的衣服洗得非常干净，而用其他的洗后还留下模糊的污痕；你会看到一辆汽车夸张地运行着，表现得比说的还要好；还有许多人露出笑脸表示对商品满意等。这一切，都是戏剧化地表现商品的好处，而观众也很吃这一套。你可以把戏剧化用到你的工作和生活的任何方面中去。

在家庭生活方面，戏剧化的办法也很适用。在过去，当男人向他的恋人求婚时，他不只是说些情话，并且还跪在他的恋人面前，来表现他的诚意。现在，我们求婚时，除了下跪表达诚意外，提出求婚之前，还有许多男人先营造浪漫的氛围。

因此，在现实生活之中，如果你想要表现自己的想法，说服别人，你可以在表达自己的观点的时候，采取戏剧性的表达方式。这不但会使他更加乐于接受你的观点，而且也会增加你在他心目中的印象。因为，好奇是人类的天性之一。在人们的眼睛已经疲劳于形形色色的信息之后，戏剧化地表达自己的观点才能吸引人们的眼球，招徕人们的关注。

但是，我们需要注意的是，戏剧化的表达必须有一个前提——表达的内容积极充实。也许会有人将这种戏剧化表达理解为以各种拙劣的行径吸引人眼球的旁门左道，也许会有人将这种戏剧化表达理解为以各种丑态引人关注的成名捷径，但是，卡耐基所说的戏剧化的表达是有一个前提的。这个前提就是，我们所表达的内容必须是积极的、充实的，而不是昙花一现或者臭名昭著的。这个前提决定了戏剧化表达只是人们在表达上的一种创新，而不是眼球经济中想要占据焦点地位的跳梁小计。

卡耐基思想精华：

在这个戏剧化的社会里面，为了能达到说服他人或者吸引他人的目的，我们必须运用一种更加生动、更加富有戏剧性的行动或语言。所以，如果你想让人们接受你的想法，请记住："戏剧化地表达你的想法。"

在人际交往中，要根据不同的场合和不同的人作出最恰当的回应。回应得体是最基本的要求。

——卡耐基

恰到好处地作出回应

有一次，卡耐基去看望一个"老"朋友，这个"老"朋友真的很老了，已经80多岁了，但他很幽默。卡耐基打趣地说："嘿！彼得，我希望你90岁的时候我们还能在一起钓鱼。"彼得哈哈一笑："伙计，一定会的，你的身体不是很健康吗？"说完两人都哈哈大笑起来。

卡耐基和彼得是多年的朋友，自然能够风趣幽默地互相拿对方打趣，这是一种增进友谊的绝妙方法。社交中，我们经常冷不防地被人家提问，有问必有答，如何作出让提问者满意的答复呢？

同样一个问题，每个人的回答各不相同。这说明回答问题有各种可能性，但是我们似乎应该确认一点：在这众多的可能性中，只有一种是使提问者最满意的。但在另一方面，在某些场合——比如辩论中，回答者往往并没有给提问者想要的答案。他们可能因为某种原因，不能或者不想告诉听众答案。也许在回答者看来，从自己的立场出发，如何回答问题才是正确的答案。因此，我们一般认为，回答问题没有正确的答案，而只有恰到好处的答案——而这明显是对回答问题者而言的。

没有一种问话会要求你在听到问题后一秒钟之内马上给出答案，除非你自己想要表现你反应很迅速。你完全有时间想一想对方问话的意思，了解他的意图，然后再确定回答的方式和范围，接下来从容地组织答案。有些人似乎习惯于一边说话一边思考，但这并不是大部分人能够做到的。一般的人在脱口而出之后，马上就后悔说出了那样的话，因为那样的话本来不应该说，或者完全可以说得更好。

所以，不要急着回答。你可以试着对提问者的意思进行解释，并且试着夸赞提问者几句。这会让你真正了解提问者的意思，并且得到他的好感，你还可以利用这些时间来好好整理一下你的答案。

对问题作出判断，揭示其隐藏的意图。如果你怀疑对方另有意图——不管对你有利或不利——在没有弄清楚之前，不要直接给出答案，问一下对方真正的意图是什么。你可以问他："告诉我你真正感兴趣的是什么？你想让我说的是什么？"

如何回答常见的问题？针对不同的问题，有下列不同的回答技巧。

第一，对于是非型问题的应答技巧。

提问者想要你回答简单的几个字，这当然是很容易的事情，但是这类问题往往埋有陷阱，因为简单往往导致误解。除非在法庭上，你不需要回答是非型的问题，你应该直接回答为什么"是"或"不是"。

第二，对于选择型问题的应答技巧。

有人问："你们公司的目标是增加投入还是减少人员？"这样的问题不好回答，因为答案可能不在他给出的选择项内。不要被提问者提出的问题所干扰，按照事实说吧！可以这样回答上面的问题："我们的目标是提供最优质的产品。"

第三，对于不能回答的问题的应答技巧。

当你被问及那些关于个人秘密等不便回答的问题的时候，直接告诉他为什么不能说出来。你必须给出自己的理由，否则将会被认为是不真诚。

第四，对于倾向性问题的应答技巧。

"你不再打你的老婆了吗？"而事实上你并没有打过老婆。又或者："此次调价对你们公司造成了多大损失？"事实上你们公司一点都没有受到损失。回答这类问题可以直接跳过对方的假设，用事实说话。

第五，问题很多时的应答技巧。

对方发出一系列问题的时候，你没有必要一一回答。你应该说：慢一点，我的朋友。然后再一次回答一个问题。

当有人用那些你不想或者不能作出正面、直接回答的问题来为难你时，你还可以用以下这些方法来回答应对。

第一，答非所问，用没有实际意义的话回答。

当你不想回答对方的问题的时候，你可以选择这样的回答方式。也就是说，你可以用一些没有实际意义的话去回答他。

比如，对方问你："周末做什么？是不是去约会呀？"你不想告诉他，于是你可以说："没什么特别的事。"这样，提问的人就不会再刨根问底了。

第二，巧用反问，转换角度来回答。

有些问题可能是比较刁钻的，它可能是一个含沙射影的问题，也可能是一个陷阱，这些问题可能使你尴尬。在这种情况下，你可以换一个角度来回答。

一个外交官被一群记者围住，要求他就前几天在国会某位议员发表的演讲发表一下意见，那位议员讲的是一个国际上的政治敏感话题。这个外交官回答道："你们要我说，我当然可以说。但是我的态度全世界的人们都知道了，因此，我没有必要把它说出来。"

第三，间接回答，巧用幽默解围。

有些场合，对方可能提出一些十分敏感的问题，或者刺探你的真实意图，或者就是想刁难你，使你不便直接给出回答，这时候你可以间接地作出回答。

英国首相丘吉尔因为力主和苏联联合对抗德国，一位记者诘难他说："你为什么老是替斯大林说好话呢？"丘吉尔回答道："如果希特勒侵入了地狱，我同样会在下议院为阎王讲情的。"

另外，还必须注意的是，当你在回答问题时，态度一定要恳切。要让你的提问者感到你正在努力、真诚地回答他的问题，而不是敷衍了事。如果有人在寻求信息，你就要表现得很专业，让对方觉得你的答案是很可信、无懈可击的。对那些抱有敌意的提问者，最好保持你优雅的风度，不要因为对方提出了一个让你尴尬难堪的问题，你就毫不留情地反击他，那样只会让你丢掉涵养。不论何时，你都应该冷静地处理各种棘手的问题，以便这些问题朝着对你有利的方向发展。

卡耐基思想精华：

在我们的人际交往中，有来必有往，一来一往构成了人际交流的重要组成部分。我们需要针对不同的场合、不同的人作出最合适的回应。应该回应的问题，必须直接、简洁地给出回答；而那些不想或不能回答的问题，就采用适当的技巧。适当地回答那些有敌意的问题，保持我们的涵养和风度。

要想成为受人尊重的人，让人以为你是一个乐于帮助人的人，你就要避免那种很生硬的语言方式，而应该试着从别人的角度去看问题。

——卡耐基

注意沟通中出现的九种失误

在一次商业聚会中，卡耐基正在和人们谈论当时的股市。忽然听到一阵骚动，只见一位绅士正怒气冲冲地站起来，高声喝道："你最好祈祷全能的主管好你这张喜欢胡乱说话的嘴巴！"说完，他怒气冲冲地离开了会场。

原来，这位绅士在和一位商人谈论国家的某项政令的时候，商人对绅士的某些言论给出了毫不留情的评价，惹毛了这位绅士，才发生刚才的那一幕。卡耐基后来在课堂上给学生们说起这件事，都会告诫自己，也告诫学生们：不要轻易地评价别人。

在谈话过程之中，谈话双方的地位是平等的，谁都不喜欢对方采取一种盛气凌人的姿态来对待自己。一般情况之下，我们在碰到一件事情的时候，或者别人说出某一件事情的时候，就好像我们的意见是绝对正确的一样，总是急于说出自己的意见，总是喜欢给它下一个判断，做一个评价，总是喜欢给别人一个"好"或者"不好"的评语。也许我们那样做会满足自己的自尊心和优越感，但是我们真的有评价别人的资格吗？

我们实际上应该就事论事，而不是针对某一个人。当不得不发表自己的意见时，我们当然也不应该隐瞒。但是，"你是一个好人"或者"你真可爱"这类评价不会使对方满意，因为这表示你对对方不够重视。因此，你必须具体地评价对方的优点和缺点。也就是说，我们在评价一件事情之前，一定要摒弃所有的成见，因为一件事情而去轻易地评价某个人的做法是不正确的。

在这个快节奏的时代里，为了让我们的沟通过程更加高效、更加愉悦，让沟通的效果达到最佳状态，我们必须要注意一些经常会出现的失误，不要让这些失误影响了沟通效果。除"轻易地评价别人"，我们还应该注意以下八种失误。

第一，说教对方。我们的谈话不是课堂上的说教，谈话的双方也不是老师和学生的关系。因此，我们不要总是说教别人，不要总是喜欢告诉别人应该做什么，不应该做什么，明智的做法是什么，愚蠢的做法又是什么。不要以为自己的资格有多么老，总是一厢情愿地以为自己懂得的知识比别人多，看得比别人清楚。

当别人做错事情的时候，我们不应该用过于简单的道理去说教他，应该先了解清楚是什么原因让对方这么做的，以及做这件事情时的全部情况。如果觉得说教别人是一件很过瘾的事情，就算破坏了对方的理解和谈话的和谐氛围也是值得的，那么你将会成为一个不受欢迎的人。

要想成为受人尊重的人，让人以为你是一个乐于帮助人的人，你就要避免那种很生硬的语言方式，而应该试着从别人的角度去看问题。这样，也许你就不会对他进行说教，而是更加倾向于理解、尊重和欣赏了。

第二，对别人的心理进行猜测。虽然我们没有受过专门的心理训练，但是我们似乎有一种天生的"推己及人"（用自己的心理去揣测别人）的本领，并且认为这样做是对的。在潜意识里，我们都希望自己成为一个心理学家。

心理学家研究人的心理，并不仅仅对一个人的心理特征作出推测，而是跟很多的事实进行必要的结合，才能得出谨慎的结论。所以，不要忽略了事实的存在，单方面地去猜测别人的心理。想要读懂别人的心理，就必须结合事实。

第三，直性子说话。你的直性子很可能会破坏你和别人的关系，会破坏一个很好的谈话氛围。经常有人说："我是个直性子的人，喜欢有话直接说出来，不喜欢拐弯抹角的，要是有得罪大家的地方，请大家不要在意。"有话直说，真的能得到大家的认可吗？事实上，很多的时候，直截了当地说话，很容易造成你跟别人的矛盾，甚至会使矛盾升级变成恶语相向。比如，在一次谈话中，你对某人的错误实话实说了，当时的谈话氛围看上去也没有什么不对劲的地方，可是突然有一天，你会惊讶地听到别人对你那天说的话感到很不满，只是当时没有对你表明而已。这时候你感到后悔已经来不及了。

第四，命令对方接受你的意见或者听从你的指示行事。当你在让别人接受你的意见的过程当中，表面看起来你似乎一直在跟对方协商，但是却不给对方说话的机会，而是采取一种不容置疑的态度去让对方同意你的做法。

命令则是直接用不容反驳的语气告诉对方，你想要做什么或者应该怎么做，根本就没有考虑到对方的感受，只是把对方当成一个按照你的指令做事的机器人。

前一种情况是，表面上好像你们已经达成了一致，但是对方有不同的意见却没有发表出来。后一种情况是，对方虽然按照你的意思去做事了，但是他并不会调动自己的所有精力去做，他只会考虑尽快地结束这件事情，其他的因素他根本就不会去考虑。这两种形式表面上看起来好像很有威慑力，但是你并没有真正取得对方的同意，所以你的愿望并没有真正地实现。你应该真正地去赢得他人的同意，让对方自己说服自己，从而把你的愿望变成他的愿望。

第五，不要轻易作出不顺耳的批评。人们往往以为说出一个人的缺点或错误，会让对方感到不开心。所以，一般情况下，我们确实反对直接地指责别人的错误，因为这将会导致谈话氛围的不和谐，甚至使对方产生敌对心理。但这并不意味着要纵容或者隐瞒对方，使错误持续下去。当别人出错的时候，我们可以找个合适的时机去指正，而不是一味地保持缄默。

第六，不注意生活之中的小事。很多人总是以为一个人的穿衣打扮或者谈话方式只是小节问题，是生活之中的小事，不需要那么重视，应该注重一些所谓的"大问题"，例如才能、学识等。这种想法的一个特点是，把那些属于"内容"性的东西的作用无限夸大，而把那些属于"技术"性的东西的作用无限缩小。其实，就是这些小节的东西在时刻影响着你说话的形象，让对方与你交谈的兴趣不断降低，甚至开始反感你。最后，讲话的效果也被你的这种"不拘小节"给破坏得一塌糊涂。

第七，说话含糊不清。如果你想要表达清楚自己的想法，最合适的方法就是先整理清楚自己的思路，然后采用一定的技巧，清晰、明确地表达出来。不要在你还没有弄懂或者理清自己思路的时候含糊不清、模棱两可地发表讲话，那样你所表达的也许并不是你所想的。因此，如果我们不能准确地表达我们的意思，不能一下子就说到点子上，对方一定会认为我们另有所图。

第八，自顾自地说话或者只是听别人说。有些人自顾自地侃侃而谈，把别人当空气，什么也不许对方去做；有的人在谈话中，只是默默地听着，自己却什么意见也不发表。这两种做法都是不对的，因为沟通的前提是双方之间进行谈话。如果只听一个人讲，或者只听不说，那对方岂不是在唱独角戏？怎么能让沟通圆满进行呢？要想谈话圆满地进行，需要两方面的积极参与，共同构建融洽的谈话氛围。

卡耐基思想精华：

没有人能从一开始就完美地驾驭人际关系，我们总会一不小心就出现各种各样的失误。但是，没关系，让我们首先避免意识上这些常见失误的出现，我们会发现人际交往其实没有那么难。

第六章

卡耐基事业成功思想精华集锦

卡耐基集渊博的理论知识和丰富的实践经验于一身，在强手如林的企业界纵横驰骋，攻无不克，战无不胜，最终成为一位声名显赫的优秀企业家，其卓越的经营才能和管理艺术令每一位想要成功的人神往。卡耐基，成为他们崇拜的偶像。在这一章里面，我们将通过介绍卡耐基在事业成功上的思想与经验，为正在努力奋斗的人们搭起通往成功的桥梁。

记住，你是在从事你生命中最重要且影响最深远的两项决定中的一项。因此，在你采取行动之前，多花点时间探求事实真相。如果你不这样做，在下半辈子，你可能后悔不已。

——卡耐基

怎样选择决定未来的工作

卡耐基从美国戏剧艺术学院毕业的时候，曾经给自己做过一份详细的职业生涯规划。在这份规划里面，他的最终目标是成为一个出色的演员。在经过多年的磨炼之后，他成了一位激励大师，一位演说家，而不是一位演员。

卡耐基在成为激励大师之后，看到自己多年以前的职业生涯规划书，发现自己花了整整一个晚上完成了一生的职业规划，他感悟颇多："写得很好，条理清楚，内容详细。但是，几乎没什么意义。因为，一夜之间是无法完成一个具有实际意义的规划的。"

每一个年满18岁的公民都面临着一生之中最重要的两个决定：选择怎样的职业与选择怎样的伴侣。

这两项选择就像一场豪赌，赌的是我们自己一生的幸福。那么，如何才能降低选择时的赌博性？首先，如果可能的话，试着去找寻你所喜欢的工作。有一次卡耐基请教轮胎制造商古里奇公司的董事长大卫·古里奇成功的第一要件是什么，古里奇回答说："喜爱你的工作。"他说："如果你喜欢你所从事的工作，你工作的时间也许很长，但却丝毫不觉得是在工作，反倒像是游戏。"找到我们感兴趣的工作，会是一个不断发现的过程。就像卡耐基以为自己会选择演员——这个自己着迷的行业奋斗一生，最后却成了激励大师一样。只有经过了不断的尝试，我们才会明白自己真正喜欢的那个工作。那么，如何找到那个我们真正喜欢的工作呢？

首先，不要贸然从事某一行业。父母所给你的劝告只是参考，我们千万不要因为家人希望我们从事哪一个行业，就贸然从事这个行业。父母已获得那种唯有从众多经验及过去岁月中才能得到的智慧。但是，到了最后分析时，我们自己必须做最后的决定。将来工作时，快乐或悲哀的是我们自己。

卡耐基为我们提供下述建议或者是警告，以便我们选择工作时作参考：

一、阅读并研究下列有关选择一位职业辅导员的建议。这些建议是由最权威人士提供的，并由美国最成功的一位职业指导专家基森教授所拟定。

1．如果有人告诉你，他有一套神奇的制度，可指示出你的"职业倾向"，千万不要找他。这些人包括摸骨家、星相家、个性分析家、笔迹分析家，他们的法子不灵。

2．不要听信那些说他们可以给你做一番测验，然后指出你该选择哪一种职业的人。这种人其实已经违背了职业辅导员的基本原则，职业辅导员必须考虑被辅导人的健康、社会、经济等各种情况，同时他还应该提供就业机会的具体资料。

3．找一位拥有丰富的职业资料藏书的职业辅导员，并在辅导期间利用这些资料和书籍。

4．完全的就业辅导服务通常要面谈两次以上。

5．绝对不要接受函授就业辅导。

二、避免选择那些已拥挤的职业和事业。在美国，谋生的方法共有两万多种以上。想想看，两万！但年轻人可知道一点点？除非他们雇一位占卜师的透视水晶球，否则他们是不知道的。结果呢？在一所学校内，三分之二的男孩子选择了五种职业——两万种职业中的五项——而五分之四的女孩子也是一样。难怪少数的事业和职业会人满为患，难怪白领阶层会产生不安全感、忧虑和"焦急性的精神病"。

三、避免选择那些生机只有一分之一的行业。例如，兜售人寿保险。每年有数以千计的人——经常有许多失业者事先未打听清楚，就开始贸然兜售人寿保险。

四、在你决定投入某一项职业之前，先花几个礼拜的时间，对该项工作做个全盘性的认识。如何才能达到这个目的？你可以和那些在这一行业中干过十年、二十年或三十年的人士面谈。

这些面谈对你的将来可能有极深的影响。卡耐基在二十几岁时，向两位老人家请教职业上的指导。那两次会谈是卡耐基生命中的转折点。如果没有那两次会谈，卡耐基的一生将会变成什么样子，实在是难以想象。

五、克服"你只适合一项职业"的错误观念！每个正常的人，都可在多项职业上成功，相对地，每个正常的人，也可能在多项职业上失败。以卡耐基自己为例，如果他研习并准备从事下述各项职业，他相信，成功的机会一定很多，对于所从事的工作，也一定能深感愉快。这一类的工作包括：农艺、果树栽培、科学农业、医药、销售、广告、报纸编辑、教书、林业。另一方面，卡耐基相信下述工作，他一定不喜欢，而且也会失败：簿记、会计、工程、经营旅馆和工厂、建筑、机械以及其他数百项活动。

总之，我们生命中总有一些重要的决定影响着自我的人生：选择什么样的工作，以及选择什么样的恋人。

选择对我们的一生起到极为重要的作用，它们关系着你的幸福、薪酬和健康，它们也许会令你成才，也许会将你毁掉。

卡耐基思想精华：

生涯规划不是一叠打满字的纸，而是一个可执行的计划，是一件有关个人发展的严肃的事情。所以，在确定职业方向之前，或者准备换一份工作之前，先聘请自己，为自己做一份生涯规划，并且将它当成自己的第一份工作。

在清醒的时候，每个人将近有一半以上的时间要花费在工作之上。因此一个人如果在工作中找不到快乐，那么，在他的生命当中就很难找到更多的快乐了。

——卡耐基

在单调之中寻找工作的乐趣

卡耐基在美国戏剧艺术学院上学时，半工半读。他曾经为一家石油公司做兼职打字员，工作刚开始的时候，他显得有些笨手笨脚。这份工作枯燥无味，但对于公司来讲十分重要，就是在一张张空白的石油代销表内填入数字及计算结果。由于这项工作太过单调，按照一般的方式去工作既容易疲劳，又容易出错。他下定决心要使它变成让自己感兴趣的工作。

他决定每天和自己比赛一次，到每天上午即将结束的时候，他就计算一下上午所完成的表格数量，要求自己在下午完成比上午还要多的表格。同样地，在一天工作结束的时候，他计算一下当天完成的数量，作为明天要超越的工作目标。

结果，经过一段时间的锻炼，他的工作效率比那些心灵手巧的老打字员还要高。

所谓幸运的人，是那些拥有自己兴趣所在工作的人。他们之所以幸运，是因为工作正是他们的兴趣所在，因此不至于因为工作而产生疲劳。所以他们会在工作中表现得比一般人有更多的精力与快乐，而没有什么会使他们感到忧虑与疲劳，因此也非常容易获得事业上的成功。

无数成功人士的经历告诉人们：要么从事自己有兴趣的工作，要么培养自己对工作的兴趣。兴趣是一个人快乐工作的前提，伟大的哲学家罗素就曾经说：我的人生正是使事业成为喜悦，使喜悦成为事业。卡耐基在做那项"在一张张空白的石油代销表内填入数字及计算结果"的单调乏味的工作时，为了使这项工作显得有意思一点，他在工作之中自己和自己竞赛，这不仅提高了工作效率，还使这项枯燥的工作变得充满乐趣。

我们无法保证每天都是在二自己喜欢的工作，就算我们有跳槽的本领，也不可能找到完全符合我们兴趣的工作。而且，每一篇"求职者须知"都告诉我们要适应工作，而不是让工作来适应我们。因此，我们在面对自己不喜欢的工作时，也要保持一定的热情，让自己把工作与兴趣结合起来。无论对待任何工作，正确的工作态度应是：耐心去做这些单调的工作，培养出克己的心志。如果最初无法培养这种克己的心志，渐渐地便难以忍受呆板单调的工作，成天在埋怨、情绪低落、毫无热情等思潮控制下工作，逐渐就将自己打造成为无所作为的人。

情绪的好坏对于人们产生疲劳的影响，远比由于体力透支所造成的影响来得更大。当一个人的心灵被消极的情绪所笼罩时，就会严重地干扰他的即时行为，这是一种无形的困扰。

可是，工作毕竟是工作，我们每天做什么不取决于自己，而取决于你的上司。即使当初选择的这份二作是你喜欢的，也不代表工作的每个具体环节你都会喜欢，总会有一些重复性的、枯燥的又不得不做的工作，总会有难缠的客户、难于解决的技术问题、不愿意面对的人在等你。工作永远不可能像休闲度假一样充满了新奇和喜悦，关键是你如何在其中寻找并创造乐趣。如果工作是一种乐趣，人生就是天堂；如果工作是一种义务，人生就是地狱。能为自己心爱的工作贡献全部的力量、精力、知识，你的工作将更出色、收获也更大。

当你在工作中倾注了你的兴趣，你就会废寝忘食、不计报酬地工作，你就会发现许多其他人所无法看到的新奇之处，你就会有所创造、有所成就。

卡耐基思想精华：

也许是人们对工作的理想目标太高，也许是人们对自己的能力不自信，总之越来越多的人感到工作毫无乐趣，他们普遍的状态是："没有工作，我不快乐；得到了梦寐以求的工作，我依然不快乐。"以工作和生活为乐，和厌恶工作和生活一样容易。一个人厌恶他的工作并非因为工作本身可恨，而是因为他没有学到改变态度的秘诀。所以每个人都应该找寻到自己工作中独特的乐趣，并且去享受和体验这种快乐，这是工作的最高境界。

弱点人人都有，但一个积极的人，会将视野放大，认真地审视弱点，并将其转化为对自己有利的优点。

——卡耐基

缺点不是成功的障碍

　　1898年夏季，暴风雨席卷密苏里平原，102号河洪水泛滥。小卡耐基和他的三个伙伴又聚在了他家田园附近的那间破木屋。他们约定，谁从窗户上向下跳的次数最多，其他人就得听命于他。小卡耐基跳下的次数已经远远超过了其他伙伴，只见他双手抓着窗棂，脚踩在窗台上，上气不接下气地对着其他伙伴嚷道："使劲呀……"他又跳向地面，但这次他没有像以往那样大吵大叫了，小卡耐基觉得左手食指一阵剧痛，接着整个左手都麻木了。

　　原来，他左手食指上的戒指被窗棂上的一枚铁钉勾住了，他跳落地面时，食指已被扯裂开来，鲜血迅速从伤口涌出，连左边的衣袖也被浸渍得一片鲜红。

　　卡耐基的左手从此少了一根食指。这次经历也深深铭刻于他的记忆之中。

　　三十年后，戴尔·卡耐基在欧洲的一次讲学中还提及此事，他把这次经历作为讲课的引用材料。他认为，当不幸降临于自身时，我们根本没有必要去怨天尤人，因为不幸的根源是我们自己的错误。他说他也曾为这个缺陷而自卑过，但现在没什么了。并且，他那独特的在讲话之中挥舞着左手的姿势无人能够模仿。

　　这时戴尔·卡耐基已是一个成熟的乐天主义者了。尽管在瓦伦斯堡师范学院时，他曾为自己左手的缺陷而自卑和羞惭过，但是，他认为，人人都会有弱点，要是这些弱点能够阻碍人们成功的话，那这个世界就没有成功者了。

对于自己的弱点，很多人不是去改正，而是为弱点找借口。其实很多时候，我们都在为自己的弱点找借口，当弱点犯下错误时，我们就理所当然地推卸责任，这是不正确的。弱点常常能蒙蔽人们的双眼，让人们认为弱点没有什么大不了。其实，对待弱点的态度不同，人生就会有不一样的结局。

我们都知道，当对着大山大喊"我恨你"的时候，山谷也会传来回应"我恨你"；而如果我们对着大山喊"我爱你"，那么山谷也会对着我们喊"我爱你"。其实，弱点也是如此，如果我们仇视它，那么它也会仇视我们，进而为我们设限；相反，如果我们能够积极面对它，它就会冲着我们微笑。所以，面对自己的弱点，青少年一定要学会积极地应对，这样，命运就会向期望的方向转变。

不过，不同的人，要克服的弱点也是不同的。有的是嫉妒、骄傲，有的是贪婪、虚荣；但不管是什么，有一点非常明确，那就是它绝对不会永远打败我们。记住了这一点，我们就可以勇敢地面对自己的弱点，逐渐扬长避短，由弱变强。

并且，我们的弱点可能就是我们的闪光点。生命之花不只是开在温室中，丛林、原野、沼泽照样可以开出美丽的花。也许，你的弱点就是你的闪光点，你的缺陷也会为你生命的种子浇灌，开出鲜艳夺目的花朵。失去左手食指的卡耐基的那个挥舞着左手的招牌姿势，之所以无人能模仿，有一个很重要的原因：人们没有那根残缺的食指。

在现实生活之中，我们总是对于自己的弱点耿耿于怀。我们总会想着，要是我们没有这个弱点该多好啊！实际上，我们最大的弱点不是个子太矮，不是手指不够纤细，而是没有成功的决心。只要有了这个决心，我们一切的弱点都不再是成功的障碍。如果没有这个决心，就连鞋子不够漂亮这个莫名其妙的借口也能阻止我们走出去。

卡耐基思想精华：

弱点就像是一个弹簧，你强它就弱，你弱它就强，勇敢地战胜它，命运就会向你所期望的方向转变。

一个人迈向成熟的第一步应该是敢于承担责任。

——卡耐基

不要光踢椅子

有一天，卡耐基正在学步的小女儿达娜想将一把小椅子搬到厨房里去，因为她想站上去拿冰箱里的东西。卡耐基看到这一情景，急忙冲过去，但还是没来得及防止她从椅子上摔下来。卡耐基扶起她，看她摔伤没有，这时只见小女儿朝那结结实实的椅子狠狠地踢了一脚，并且还十分生气地骂道："就是你这坏家伙，害得我摔倒了！"

如果你留心一下幼儿的生活，你一定会听到或见到更多类似的故事。对孩子们来说，他们的这种行为是极其自然的。他们喜欢责怪那些没生命的东西，或是毫不相干的人物，似乎这样就可以减轻自己跌倒的痛苦。他们的这种表现当然是正常的。

但是，假如这种反应行为模式和习惯一直持续到成人期，那可就麻烦了。自古以来，人们就普遍存在着一种诿过于人的不良倾向。偷吃了禁果的亚当，最后把过错全推诿于夏娃身上："就是那妇人引诱我，我便吃了。"

一个人迈向成熟的第一步应该是敢于承担责任。我们生活于世，就要面对生命中的许多责任，绝不可在受难或跌倒的时候，像孩子一样去踢椅子出气。

那为什么有如此众多的人都喜欢诿过于人呢？细想一下也不奇怪，因为责怪别人肯定比自己担负责任要容易得多。想想你自己，你是否经常喜欢责怪父母、老板、师长、丈夫、妻子或儿女，或者喜欢责怪先祖、政府，以及整个社会，甚至责怪自己不应该来到人世。

对那些不成熟的人来说，他们永远都可以找到一些理由——当然是外部环境的理由——以解脱他们自身的某些缺点或不幸。比如，他们的童年极为穷困、父母过于贫苦或过于富有、教导方式过于严格或过于松懈、没有受过教育或健康情况恶劣等。

也有人埋怨丈夫或妻子不了解自己，或是命运与自己作对——你有时不禁要感到奇怪：为什么这整个世界要一致起来欺负这些人呢？对这些人来说，他们从没想到要去克服困难，而是先去找一只替罪羔羊。

卡耐基还记得，他的一名学员有一天下课之后跑来找他。那天，他们的课程是训练学员记忆别人的姓名。卡耐基记得那位学员向他这么说道："我希望你不要指望我能记住别人的姓名，这正好是我的弱点。我一向记不住别人的名字。"

"为什么呢？"卡耐基问道。

"这是我们家的遗传。"她回答道，"我们家族的记忆力一向都不好，所以，我也不期望在这方面有什么改善……"

"小姐，"卡耐基诚恳地说道，"你的问题不在遗传，而是一种惰性。因为你认为责怪家族遗传要比努力提高自己的记忆力容易得多。请你坐下，我来证明给你看。"

卡耐基帮助她做了几个简单的记忆训练。由于她十分专心，因此效果良好。当然，要她改变原有的观念还要一些时间，由于她愿意接受我的建议，终于克服了困难，记忆力有所改善。

如今的为人父母者，除了记忆力衰退之外，还有各种大小事情会遭受儿女的抱怨，范围从掉头发到日常生活的许多挫折等。

举例来说，卡耐基认识一名年轻女子，她常常抱怨自己的母亲如何影响她的一生。原来这个女孩还很小的时候，父亲因病去世，守寡的母亲只得外出工作，以维持生活并教育年幼的女儿。由于这位母亲能干又肯努力，因此后来成为极有成就的女实业家。她细心照护女儿，让女儿接受最好的教育，但结果却不尽如人意。她的女儿把母亲的成功视为自己最大的障碍！

这名可怜的女孩宣称：自己的童年完全被毁坏了，因为她随时处在一种"与母亲竞争"的生活状况里。她的母亲迷惑不解地说道："我实在不了解这孩子。这么多年来，我一直努力工作，为的就是想给她一个比我更好的机会，创造更好的条件。但实际上，我只是给她增添了一种压力。"

奇怪的是，像乔治·华盛顿，他虽然没有高贵出身或功绩显赫的父母，但他一样能推动历史，成为举世闻名的人物；亚伯拉罕·林肯，他幼年的物质条件极为匮乏，一切须靠辛勤劳动，这也没有对他产生什么不良影响。而且林肯也没有想着去责怪他人。他曾在1864年做过这样的陈述："我对美国人民、基督教世界、历史，还有上帝最后的审判——均负有责任。"

这可说是人类历史上最勇敢的宣言。除非我们也能在其他人面前以同样的勇气承担下自己的责任，否则我们就还不算成熟。

最简单、也是目前最流行的一种逃避责任的方法，就是去找一位心理医生，然后躺在他的诊疗床上，花一整天时间谈论我们的种种问题，以及为什么我们会变成目前这个模样的原因。这也是一种极奢侈的现代高级享受。

假如有人告诉你，你的一切麻烦均来自于幼年时期不正常的待遇——如过度占有欲的母亲，或过度专治的父亲——假如这样的说法能让你觉得舒服，并且价钱又付得起的话，也没有人会反对你就这么一辈子依靠心理医生的支持。

威廉·戈夫曼医师曾写过一篇极精彩的论文——《乳儿精神病学》。文中提到目前日益增多的"心理密医"，是如何把大家宠坏了。戈夫曼医师指出，许多向心理医生求助的人通常喜欢"为自己的弱点及与世俗格格不入的行为找出一个心理学上的借口"。这样他们就似乎得到了某种精神上的安慰。当心理学一直不为那些不能面对成人世界的人寻找托词的时候，更有许多人继续把他们的诸多困难归咎于外在的各种因素。

在较早时期，星相学是人们热衷的对象。"我的生辰八字不好"或"我没有一颗幸运的行星护佑我"，这些都是16世纪时，人们对许多困难或不幸最常做的解释。

但是，莎士比亚在《恺撒大帝》一剧中，却让罗马名将恺撒说出如下的话："亲爱的布鲁塔斯，这过错并非由于我们所属的星辰，而是我们有一种听命的习惯。"

假如你相信《圣经》中对耶稣事迹的描述，你便会明白耶稣最引人注意的品质之一，便是他择善固执、毫不妥协的性格。当有人找他帮忙或医病的时候，他不会浪费时间去细查对方的潜意识，或去找出何人或何事该为此人目前的困境负责任。

"拿起你的被褥回家吧！不要再犯罪，你的罪已被赦免……"

耶稣的态度很显然是表示：把人的生活改造得更美好才重要，而不是整日沉溺在自怜的深渊中。

英国的都铎王朝有个奇怪的风俗，就是王家的小孩都请有一名所谓的"挨鞭子的男孩"。由于冒犯皇族是大逆不道的行为，因此王家的小孩也不可随便侵犯。但小孩难免都有顽皮不守规矩的时候。为了让属下谨守不冒犯皇族的规定，便用钱请来一个"替罪羔羊"，以承受王家小孩该受的责罚。据说这种职位还相当热门，许多人都抢着要做。这不仅是因为可以支领薪水，也是因为以后可以进一步进入王家工作，因此成为许多人追逐的目标。

当然，这种行业目前已经不存在，但对许多幼稚或不成熟的人来说，这种"替罪羔羊"的形式仍然存在。假如他们找不到可以当作责怪对象的人，还可以责怪多变的时代、现代生活的不安全感、国际形势的混乱及其他耸人听闻的情况等。

有一次，卡耐基和一位朋友一起参观一个书展。那位朋友时常自诩现代艺术的知识十分丰富。卡耐基当时看到一幅画，作风十分草率，便无意中说出自己的感觉。他对那位朋友说："我家里有个3岁小孩，搞不好可以画得比这更好。假如这是艺术，我便是米开朗琪罗了。"

朋友回答道："你对人类精神的痛苦，难道没有丝毫感觉吗？这位艺术家所要表现的，是原子时代人类所受的压力与迷惑。"

不错，就连一位画得不知所云的艺术家，也可以把自己的无能归罪于原子时代！

但有一件事是确定的。假如原子时代能对人类带来任何希望或满足，而不是破坏或死亡，则我们需要的是坚强、成熟的个人，即那些能够而且愿意为自己行为承担责任的人。

对那些希望自己不仅是长大，而且是迈向成熟的人来说，他们的第一个法则应该是：要承担自己行为的后果，要为自己的行为负责，而不是光踢椅子！

卡耐基思想精华：

我们生活于世，就要面对生命中的许多责任。对那些不成熟的人来说，他们永远都可以找到一个理由，以解脱他们自身的某些缺点或不幸。把人的生活改造得更美好才重要，而不是整日沉溺在自怜的深渊中。

在任何一个领域里，不努力去行动的人，就不会获得成功。就连凶猛的老虎要想捕捉一只弱小的兔子，也必须全力以赴地去行动，不行动、不努力，就捕捉不到兔子。

——卡耐基

成功依赖于果断的行动

卡耐基在参加学校的演讲比赛之前，曾无数次地想过要锻炼自己的口才，但是这样的想法总是无疾而终。直到最后一次，卡耐基下定决心一定要锻炼自己的口才，最终毫无演讲训练和经验的他决定报名参加学校的演讲比赛。于是，他一口气参加了12次演讲比赛，直到最后取得演讲比赛的冠军。多年以后，卡耐基回忆起那一段青春岁月，满心感慨："成功不是下下决心就够了，要想成功，必须行动。因为，我们无法'想'出成功，而只能'做'出成功。"

卡耐基的故事说明了一个简单的道理：成功依赖于果断的行动。

人人都想成功，为什么有些人总是错过成功的机会？原因是，行动被拖延偷走了。拖延是个专偷行动的"贼"，它在偷窃你的行动时，常常给你构筑一个"舒适区"，让你早上躺在床上不想起来，起床后什么也不想干，能拖到明天的事今天不做，能推给别人的事自己不干，不懂的事不想懂，不会做的事不想学。它让你的思想行动停留在这个"舒适区"里，对任何舒适以外的思想行动，都觉得不舒服、不习惯。这个"贼"能偷走人的行动，同时也能偷走人的希望、人的健康、人的成功。它带给人的不良习惯和后果是积重难返的。有的学生遇上难题没有及时问老师，后来问题越来越多，成绩越来越差；有的商人因没能及时作出关键性的决定而惨遭失败；有的病人延误了看病的时间，给生命带来无法挽救的悲剧。

拖延这个"贼"虽然能偷走行动，但是积极的行动也能制服这个"贼"。最好是在这个"贼"没有把你的行动力偷走之前，就采取措施逮住它。

当你准备做一件事时，这个"贼"会对你说："明天再干吧！"这时，你要马上提醒自己："今天能做的事，绝不能拖到明天。因为这个明天遥遥无期，会变成明天的明天，永远不会来临。"

当你面临困难和挫折时，这个"贼"会找出许多理由让你停下来。这时，你要马上提醒自己："成功不会等待任何人，我如果犹豫不决，它就会许配给别人，永远弃我而去。"

当别人埋头苦干时，这个"贼"会引诱你袖手旁观，吹毛求疵。这时，你要提醒自己："立即行动，马上动手，决不用评说别人来掩饰自己的无所作为。"

一个人想奔向自己的目标，追求自己的成功，现在就应该立即行动。"立即行动"，是自我激励的警句，是自我发动的信号，它能使你勇敢地驱走拖延这个"贼"，帮你抓住宝贵的时间去做你所不想做而又必须做的事。

世上没有任何事情比下决心、立即行动更为重要，更有效果。因为人的一生，可以有所作为的时机只有一次，那就是现在。人的思维决定他的行动，而他的行动则又决定他能否取得成功。

在现实生活中，至少存在两种类型的人：一是天天沉浸于幻想之中，看不到一点行动痕迹的人；二是善于把想法落实到计划中，成为一个敢于行动的人。但是，这个看似人人皆知的问题，在许多人身上并没有引起足够的重视，因为他们常常把失败的原因归罪于外部因素，而不是从自身找到失败的病根。其中很重要的一条是：这些人常常是一名幻想大师，面对那些看不见、摸不着的东西时心动不已，总以为光凭自己的意愿就能实现人生理想，就能过自己想过的日子，就能成为一个被人羡慕的人。抛开这些特定的人不讲，实际上在我们身边，那些天天抱头空想自己未来的人，之所以没有人生的进展，就在于他们都是"心动专家"，而不是"行动大师"。

"心想事成"这句话本身没有错，但是很多人只把想法停留在空想的世界中，而不落实到具体的行动中，因此常常是竹篮打水一场空。当然，也有一些人是想得多干得少，这种人只比那些纯粹的"心动专家"要强一些，要好一些，但通常他们很难取得成功。也许你早已经为自己的未来勾画了一个美好的蓝图，但是它同时也给你带来烦恼，你感到自己迟迟不能将计划付诸实施，你总是在寻找更好的机会，或者常常对自己说：留着明天再做。这些做法将极大地影响你的做事效率。

因此，要想获得成功，必须立刻开始行动。任何一个伟大的计划，如果不去行动，就像只有设计图纸而没有盖起来的房子一样，只能是一个空中楼阁。在竞争日益激烈的社会中生存，就要懂得心动不如行动。因为，心动只能让你终日沉浸在幻想之中，而行动才能让你最终走向成功。所以，做人一定不要仅是心动，而要采取果断的行动。

卡耐基思想精华：

奥格·曼狄诺常常告诫自己："我要采取行动，我要采取行动……从今以后，我要一遍又一遍、每一小时、每一天重复这句话，一直等到这句话成为像我的呼吸习惯一样，而跟在它后面的行动，要像我眨眼睛那种本能一样。有了这句话，我就能够实现我成功的每一个行动；有了这句话，我就能够制约我的精神，迎接失败者躲避的每一次挑战。"的确，"说一尺不如行一寸"。任何希望、任何计划最终必然要落实到行动上。只有行动才能缩短自己与目标之间的距离，只有行动才能把理想变为现实。做好每件事，既要心动，更要行动。只会感到羡慕，不去流汗行动，成功就是一句空话。

成功有时候就是这么简单，只要赢得对方的信任，你就能一步到位，拿到订单。

——卡耐基

赢得对方的信任

有个推销员到一个农场去向农场主推销其公司生产的收割机。到达农场后他才知道，在他的前面已经有十几个推销员向农场主推销过收割机了，但是农场主都没有买。这个推销员来到农场时，无意中看到农场里人行路旁的一块菜园里有几株杂草，于是便弯下腰把这几株杂草拔除了。这个小小的举动完全被农场主人看在了眼里。推销员见到农场主后，正准备介绍自己公司的产品时，农场主却阻止他说："不用介绍了，你的收割机我买了。"推销员大感诧异："先生，为什么您看都没看就决定购买了呢？"农场主说："第一，你刚才帮我拔草的行为已经告诉我，你是一个诚实、有责任感、心态良好的人，因此值得信赖；第二，我目前确实很需要一台收割机。"

没错，这个推销员就是卡耐基。事实上，农场主对于商品的印象完全来自对卡耐基的第一印象。卡耐基的一个小小动作——拔除杂草，换来的却是成功的交易。为什么会这样呢？因为相较于其他推销员，他多了一颗为别人着想、懂得体贴别人的善良的心，而当这种善意充分让农场主感受到后，赢得订单就是水到渠成的事。推销的根本就是在推销自己。如果客户对我们的产品有一种可以信赖的、放心的感觉，那么成功就在眼前了。为什么客户会对你的产品产生信赖和放心呢？因为客户首先相信了你。这就取决于推销员内心的诚实与积极的态度。当你能站在客户的立场上，设身处地为对方着想，并凡事都能以诚信为最高原则，那么你就能在客户之中建立起良好信誉，从而为你留住既有的客户，并迅速拥有更多的客源。因为信任你的客户，也会帮你介绍新客户。如此这般，你的客户将会越来越多。这时，你的业绩又何愁不能迅速提升呢？

在人际交往之中，也是同样的道理。要让对方对我们产生信任感并没有很多人想象中那么难。如果我们想要瞬间取得对方的好感，就要跟对方取得"同步化"的机会。人在潜意识中会对跟自己达成"同步"的人有好感和信任感。这一点往往容易被人忽略。不过只要有意识地学习，加以运用，就能快速接近任何人。"同步化"听起来很高深，其实简单来说就是配合对方的"说话音调""不经意的习惯小动作""特殊口头禅"等。换句话来说，把自己想象成一面镜子，映射出对方的言行举止。这招绝对可以经由观察和实践练就的。而相对而言，如果跟你聊天的对象不自觉地会做出跟你一样的动作，那么很可能他或她对你有好感。这个也可以成为判别对方是不是对你有好感的有用指标。

适当地暴露缺点也能增加人际交往中的信任感。与人交往中，我们总想把最好的一面展现给对方，即便有不足和缺点，也本能地藏着掖着，生怕被别人知道。然而，河南中医学院一附院心理咨询科副主任医师张香芝却提醒人们：在适当的时候，偶尔暴露一下缺点，会让你在交往中更自信，更胜一筹，更能赢得别人的信任。不信你也可以试试。

在求职时，有些人总喜欢自吹自擂，把自己夸得像一朵花一样，反而容易给对方造成一种老油条的印象，惹人生厌。有些人，却能恰如其分地自我揭短。比如，一个前去应聘财务主管的人，这样自我暴露缺点："我对会计工作非常热爱，业务也很熟，但我个子矮了些，还有些胖。"注意，此时，他说的缺点都和应聘职务无关，而且即使他不说，招聘者也能看出他胖、个子矮。个子矮、胖等缺点经过主动暴露后，反而会成为"优点"，招聘者会认为他很诚实，比一味地自我表扬胜算的几率更大。

当然，信任是建立双方关系的基石，信任也源于你对别人的坦白，有技巧地坦诚以待。你要不断地鼓励对方信任你，让人们适度地看到你的内心。当他们对你有了一定的了解，才会卸下心防，试着信任，并逐渐向你开放内心。喋喋不休、死缠烂打最令人生厌。没人喜欢被穷追不舍，想得到答案，就得拿出东西来交换。老子说："欲取之，先予之。"同样，你想看穿别人，就得先让对方看清你。

让人觉得你坦诚，方法有很多。你可以同人分享自己的喜好，自己喜欢的书籍、爱看的电影、喜好的食物，同时也了解一下对方的喜好；也可以介绍自己的家世背景，顺便询问对方的一些基本情况，但切忌刨根问底，避免引起对方的厌烦；还可以利用自己手中的一些免费资源，给予对方一些小恩小利，也能轻松打动对方，让对方不知不觉打开话匣子、敞开心门，最终你会在这些谈话中找到你想要的答案。

卡耐基思想精华：

在人际交往之中，如何赢得对方的信任，这是一个永恒的话题。无论时代如何发展，信任与真诚永远是相偎相依的。所以，当我们还在绞尽脑汁地想要打入某个人际圈子的时候，先看看自己是否具备真诚这一可贵的品质。

能实现成功的唯一方式是不被任何事物所约束，而不受约束的唯一方式则是——管理好自己的思想。

——卡耐基

打破成规的力量

卡耐基深刻地记得自己第一次发觉打破成规的力量时的喜悦。卡耐基有个习惯：每天早晨都会拿起同一个蓝色的碗，吃着同样的早餐——谷片、牛奶和一根香蕉。这已经成为他每天的例行事项，也成了一种模式。有一天，他同样走到橱柜前想取出那只蓝色碗时，却发现它不见了，这简直太可怕了！他有些恼怒并想着："是谁这么大胆，竟敢拿走我的碗？！"

虽然那只蓝色的碗已经不在了，但早餐还是要吃的。于是，他告诉自己："好吧！这是一个让我从模式中解脱出来的机会……我可以同样轻松的心情去使用另一个碗。"

当他使用另一只白色的碗时发现自己并没有胃口大减。他用这个白色碗一样能享受早餐。从此之后，他从碗的桎梏中解放出来了。

我们总会在不知不觉之中形成某些固定的模式，并且，在我们自己没有察觉的时候，用这些固定的模式桎梏了自己的生活和工作方式。写文章一定要用电脑打出来，开会的时候即使不需要也要习惯性地准备发言稿，挤牙膏从尾巴向前面开口处挤压……如果那个蓝色的碗没有丢失，卡耐基也不会觉悟到自己已经成了那只蓝色碗的奴隶。其实，重点不是用什么碗吃早餐，而是他吃早餐的时候需要一只碗。至于这只碗是什么样子、什么颜色、什么质地，这并不重要。

我们脑子里塞满了一堆惯性的动作和行为模式。假使我们无法跳脱自己的固有的思考及行为模式，在与别人相处、他人又希望来点不同的处境时，我们便会被激怒，且会变得跟周遭的人、事、物格格不入。我们需要看到："条条大路通罗马"，从哪里挤牙膏都是可以的，只要能够挤出牙膏来；用哪个碗吃饭都可以，只要能盛饭。真正的解脱之道，就是找出你的模式，然后破除它。找一天开车上班时，挑些不同的路走走；给自己换个新发型；将房子里的家具换换风水……做任何可防止自己落入停滞不前的新鲜事。

当然，习惯的养成对你应有加强的作用，然而一旦你成为习惯的奴隶，它们就不再具有意义。因为没有一个被自己习惯所奴役的人，能够成为自己的主人。我们全部拥有自由的心灵，而且不会被任何事物所绑住。我们全都享有自由，不论从哪里挤牙膏，不论使用哪一个餐碗。

我们之所以会看不见事情的真相，多半是因为自己将眼睛闭起来的缘故。我们必须分辨清楚，到底是生活圈住了我们，还是我们自身狭隘的思维限制了自己。能实现快乐的唯一方式是不被任何事物所约束；而不受约束的唯一方式则是——管理好自己的思想。

打破成规能使我们保持年轻的心态。当我们容许自己思想宽广些、行为自由些、观点新颖些时，那颗赤子之心就能持久。我们也不需要因为过着无新意或机械式的生活而感到气馁。例行公事的生活并不能束缚我们的心，除非我们相信自己受到束缚。生活的模式是为我们而存在的，并非我们为其而生存。青春之泉并非藏匿在佛罗里达某个神秘泉井中，而是从每个人心中涌出的一道永远令人振奋、鼓舞的生命源泉，它永不停歇，只要我们愿意挪出一部分空间给它，并愿意去撷饮它。

卡耐基思想精华：

一位东方的哲学家曾说过：〝快乐的秘诀在于'停止坚持自己的主张'。〞活着，真实地活着，我们必须让自己跟周遭的人、事、物融合在一起。我们不能将自己局限于某种不变的形象下，或者认定每件事情只有单一的解决方案。

能够坚持自己信念的人，永远不会被击倒，他们是一群人生的胜利者。

——卡耐基

坚持成功的信念

卡耐基课程大获成功之后，他的教学引起了人们的注意。同时也有许多人站出来否定他、攻击他。

评论家莫卡因认为卡耐基的课程造就了一些社会投机分子，他的毕业生因能巧妙地处理事物而爬上那些不曾学习过卡耐基基本方法的伙伴头上，造成社会的不平衡。

又有些评论家则批评卡耐基对于有关真诚的问题似乎显得过于天真。例如，在《影响力本质》这本书中，他描述约翰·洛克菲勒对于历时两年的流血、痛苦的罢工事件，仍是以善待罢工者的方式取得喜剧收场。卡耐基只提到他的友善使罢工者回到工作岗位，而只字未提罢工所提出的加薪问题。

另一位有影响的评论家马丹·史密斯在报纸上撰文评论卡耐基。马丹·史密斯认为这位密苏里的农村男孩已忘记什么是贫困，他说他从别人的不幸中获取生计，并且致富。

卡耐基也清楚地知道自己教学中的弱点：他需要一些有力的理论来支持自己的教学，也需要将自己的教学发展成为系统的理论，从而摆脱投机取巧的怀疑。批评的洪流加上自己的困惑，使卡耐基不堪重负，他几乎想要放弃这项事业。但是这项事业是他辛苦打拼至今的成果，是他成功的希望。带着坚定的成功信念，他坚持了下来，最终用教学成果证明了卡耐基课程不是投机取巧。

　　每个人心目中都有成功的欲望，但是，成功若只是欲望，还不足以支撑我们在这条艰辛道路上的守望。只有当成功的欲望转化为成功的信念，我们才能离通往成功的道路越来越近。卡耐基正是由于具有这种坚定的成功的信念，才能一次次克服困难，将卡耐基课程发扬光大。

　　我们每一个人都带着两个同样密封的信封来到这个世界，而这两个信封只有我们自己能打开。其中一个信封装着源源不断的幸福与财富，只要我们用坚定的信念和积极的态度，就能够获得；另外一个信封的内容，同样是我们指挥及运用意志力的结果，却因为缺乏坚定的信念，而造成接连不断的惩罚与灾难。选择哪一个信封，就要看你的信念是不是坚定了。善用意志力，你就可以打造出完美的天时、地利与人和。

　　因为前人坚持理想与信念，才开创出现代文明的生活方式及思想体系。这些带领人们改变思想的先驱，促成了工业的进步、科技的发达，让我们得以享用造物者所赐予的一切。的确，只要你对自己的信念坚定不移，就没有做不到的事情。

　　成功的人都有一个最基本的人生态度，就是永远忠于自己的信念。如果一个人没有信念，就只能平庸地活着；反过来说，拥有信念就能不畏任何艰难，因为信念的力量惊人，它可以改变恶劣的现状，形成令人难以置信的圆满结局。能够坚持自己信念的人，永远不会被击倒，他们是一群人生的胜利者。

　　坚信自己能做到一件事的人，总会找到达到目的的方法。失意者总会发出这样的悲叹："老实说吧，我本来就认为这事做不成"、"一开始我便觉得不对劲"或者"这事不能成功，我一点都不觉得意外"。这种只想试试、不坚信成功的态度，正是失败的根源。

　　自我怀疑是一种消极的力量。如果你毫无自信或者充满疑虑，你将找出各式各样的理由纵容自己犯错。最后，你所纵容的小错误，就会指引你走向错误的道路。绝大多数的失败都是因为疑虑、自卑、潜意识的失败感而造成的。

卡耐基思想精华：

信念是我们最大的无形资产，但我们必须以积极的态度使用它，才能得到帮助。记住，疑虑重重将导致失败，一心取胜则奔向成功。

命运给你一个酸柠檬，你得想办法把它做成甜的柠檬汁。

——卡耐基

打好手中的坏牌

　　卡耐基在青年会给一个新生班级上课的时候，由于没能控制住这些年轻人的课堂秩序，而这恰好被青年会主任撞见，卡耐基失去了在青年会的工作。再次失业的卡耐基陷入苦恼之中，他好像又要陷入忧郁之中。直到有一天，卡耐基在图书馆看书发现人们关心"螳螂"竟比关心"烦恼"还要多。瞬间的灵感激发了卡耐基开设一门"如何解决烦恼"的课程。卡耐基忽然发现，这个人生的最低谷忽然变得美丽起来。青年会对他的事业发展来说实际上是一个桎梏，卡耐基打心里感谢青年会主任将他轰走。

　　卡耐基开始组织一帮人马创建"卡耐基课程"。不久之后，卡耐基的事业就初具雏形。

　　卡耐基在又一次失业之后，反而找到了自己人生成就的契机，不得不说这实在是太有戏剧性了。这也告诉我们福祸相依的道理。人生其实没有绝境，关键是你要有发现出路的火眼金睛。

　　在我们的现实生活之中，常常会听见这样的埋怨：要是我出落得亭亭玉立、光彩照人，我也可以做明星；要是我出生在一个富豪家庭，我哪还用这么辛辛苦苦地上班赚钱；要是我生在城市，我也会过那种亮丽光鲜的生活……

　　可是，人们的这些埋怨不仅仅无济于事，更是一种放弃改变的权利的体现。似乎，这种将自己的平庸归结于客观的先天条件不足的逻辑不仅仅是自我催眠的手段，更成了一种冠冕堂皇的借口。在日常生活之中都是如此，要是真的遇到人生低谷，岂不是要任由命运蹂躏？

这不是卡耐基的人生观。他在人生的低谷里，没有放弃改变，也没有给自己找一堆放弃改变的借口，而是在绝境之中找到了新生的出路。

当然，不是所有人都秉持着卡耐基的价值观，所以，也不是所有人都能在绝境之中主动寻求新生的出路。

那么，如果我们真的灰心到看不出有任何转变的希望，不妨先问自己两个问题。首先问自己：我真的不能成功吗？试着回答自己这个问题，如果我们确定自己不能成功，那么，试着找出阻碍自己成功的因素。然后问自己：即使我失败了，我能从失败之中得到什么？

思考这两个问题之后，我们会发现，实际上，此刻的绝境也许并不是真正的失败，真正的失败是我们自己的一蹶不振。即使我们失败了，那么之前的种种努力已经迫使我们向前看，而不只是悔恨。这些努力本身会帮助我们消除消极的想法，代以积极的思想，激发创造力，促使我们忙碌，也就没有时间去为那些已成过去的事而忧伤了。

所以，人生的低谷也好，高峰也罢，其实都是人生旅途之中的风景。在高峰停滞不前与在低谷惆怅徘徊都是在浪费宝贵的生命。当我们置身于绝境之中时，我们还没有失败，因为我们的改变现状的思想还没有泯灭。如果这样，绝境则会是一个新的起点，只要我们找到那条起跑线。所以，问题的关键在于那条起跑线，那么，与其自怨自艾，还不如找找那条起跑线。

卡耐基思想精华：

威廉·柏利梭说："人生最重要的不是以你的所得投资，任何人都可以这样做。真正重要的是如何从损失之中获利。这才需要智慧，才能显出人的上智下愚。"在绝境之中重生，在损失中获利，其实并不难，只要你坚持。

谁做事的时候，也无法保证永远依据轻重缓急去处理，但是，有计划总比没有强。

——卡耐基

"书桌过敏症"的良方

卡耐基的演讲小有名气之后，越来越多的人慕名而来。卡耐基也因此忙碌起来。某日，卡耐基为了准备一个演讲的主题在图书馆待了一天之后回到家里，发现桌子上乱成一团：书言、文件、笔记……卡耐基顿时觉得自己还有好多好多的事情要做，忙碌似乎永远没有尽头。可是，卡耐基想不出自己哪里有多余出来的时间表去安排这些事情。这样的状态让卡耐基开始忧虑。卡耐基试着清理了一下桌子，"无穷无尽，永远做不完也得做"的感觉还是挥之不去。

直到卡耐基演讲时，这种情绪依然困扰着他。一名叫保罗的学生看出了卡耐基的焦虑，在互动环节，他向卡耐基传了一张纸条："老师，您最近有什么烦心事吗？"

"呃……有同学问我最近有没有什么烦心事，也许大家已经看出来今天的我有点焦虑，那是因为我最近患上了书桌过敏症……"卡耐基幽默地答道。见有很多学生都是一脸疑惑，他开始诉说起自己的"书桌过敏症"。同学们纷纷对这种症状表示同感，大家开始讨论怎么治疗这个症状。大家讨论得如此忘情，以至于忘记散场了。卡耐基心底冒出来一个声音："反正今天最重要的事情就是这场讲座了，回去了也没有更重要的事情在等着我，就让同学们尽情地讨论吧。"这个声音似上帝之手一样将卡耐基从焦虑拨到了舒心。卡耐基灵光一现的想法为他的书桌过敏症找到了良方——重要事情优先原则。

卡耐基认为，会思考与能依据事情的重要程度解决问题这两种素质很难兼而有之。但是人们至少能够掌握其中的一种，至少能够掌握后一种。其实每个人都有一张杂乱不堪的书桌，书桌上的东西好像永远都堆满书本、信件、资料……大家看到这样的书桌的第一感觉是："真是无穷无尽的工作啊……"有的人甚至有两张以上这样的桌子。其实只要依据事情的重要程度排列出一个清单，并且扔掉不必要的东西，我们的书桌会整洁许多。这是治疗"书桌过敏症"的第一味神丹。除此之外，繁重的书桌在很大程度上是因为我们没有及时处理当天的事情而日积月累堆积出来的，所以手边一有工作就马上解决是治疗"书桌过敏症"的第二味妙药。

归根结底，良好的工作习惯能让我们有一张令人神清气爽的书桌。如何养成良好的工作习惯？卡耐基归纳出了一些建议。

第一，今日事今日毕。清除你桌上所有的纸张，只留下与你正要处理的问题有关的东西。那些经常让你想到"有一百万件事情待做，可自己就是没有时间去做它们"，那种"没有止尽，做不完又必须做的感觉"都将在"今日事今日毕"的好习惯中消失。

第二，根据事情的轻重缓急行事。我们要注意的是，并不是所有的工作都能够随叫随做的，一定要按照事情的轻重程度来做合理的安排。因此在接受任务的时候要很明白事件的轻重缓急，并清楚地知道哪些工作是一定要优先安排的，哪些工作是可以兼顾来做的。

第三，工作要先写后做。先把工作要点写出来再开展工作。长期的经验告诉我们，没有人能永远按照事情的轻重程度去做事。但是，按部就班地做事，总比想到什么就做什么要好得多！

第四，不做不清晰的工作。我们一定要搞清楚"我要做什么"。假如连"我要做什么"都不能明确，那工作还有什么意义？工作目标明确以后，我们就会想："为什么要做这件事？""我应该怎样去做？""有没有更好的办法？"

中国有句古话："磨刀不误砍柴工。"每天早上起床之后，想想自己今天最重要的事情是什么，比一脑袋充斥着不分主次的事情要好得多。谁做事的时候，也不能保证永远依据轻重缓急去处理，但是，有计划总比没有强。

卡耐基思想精华：

好的工作习惯是：首先，桌子上只放与你手头工作相关的东西，其他一律不留；其次，按照事情的重要程度安排做事的先后顺序；最后，遇到事情要当机立断，不要拖拖拉拉。想获得轻松与快乐，就必须有良好的工作习惯。

第七章

卡耐基情绪控制
思想精华集锦

我们在日常生活中常常会发现：最聪明的人并不总是最富有、最成功的；有些人学习成绩不怎么样，却过着圆满的生活；有些人智商很高，却把自己和周围人的生活搞得一团糟……

情商不是先天就有的，只要重视后天的培养，每个人都可以提高这方面的素质和能力；只要提高了情商，我们就把握住了成功的可能。本章内容通过卡耐基的情绪控制经验引导我们更充分地发掘自身的潜能，更轻松地去创造美好的生活，享受更加幸福和快乐的人生。

消除忧虑的最好办法，就是让你自己忙起来，这样你的血液就会开始循环，你的思想就会变得敏锐——让自己一直忙着，这是治疗忧虑症的最便宜、最有效的良方。

——卡耐基

用工作撵走忧虑

卡耐基做过很多推销工作，但并不是每一次都能推销成功。卡耐基推销车子的时候，由于对车子不熟悉，不但没有卖出车子，还被顾客冷嘲热讽了一顿。这些被经理看在眼里，经理怒火大发，并威胁卡耐基要炒他鱿鱼。经受了一连串的打击，卡耐基被几个问题在反复折磨着：

"我又得失业了，怎么办呢？头疼病老是好不了，我是不是快要死了？再过一年、两年、十年，我会成什么样子？"

"人是不是虫子？我是虫子吗？在巨大的艰辛困苦中，我不是一只软弱而无力的虫子吗？"

"这就是人生吗？从前我热烈憧憬充满活力的人生，如今为自己所轻蔑的工作而起早贪黑地瞎忙着，与螳螂为伍，吃粗陋的食物，前途没有希望……这就是我人生的一切？"

由于被这些问题困扰着，卡耐基越来越忧虑。他只好自己忙碌着，忙得他必须付出所有的精力和时间，他一天工作15~16小时。半夜回到家的时候，他总是精疲力尽地倒在床上，用不了几秒钟就呼呼大睡了。

一个月后，他发现自己不再忧虑，并且慢慢回到了每天工作七到八小时的正常情形。

对大部分人来说，在日常工作忙得团团转的时候，"沉浸在工作里"大概不会有多大问题。可是在下班以后——就在我们自由自在地享受悠闲和快乐的时候——忧虑的魔鬼就会开始攻击我们。这时候我们常会开始想：我们的生活里有什么样的成绩？我们有没有上轨道？老板今天说的那句话是不是"有什么特别的意思"？或者我们的头是不是开始秃了？

我们不忙的时候，脑子常常会变成真空。每一个学物理的学生都知道"自然中没有真空的状态"。打碎一个电灯泡空气就会进去，充满了理论上来说是空的那一块空间。

当我们的大脑空出来的时候，也就会有新的东西补充进去，是什么东西呢？通常是忧虑、恐惧、憎恨、嫉妒和羡慕等情绪，并且这些情绪都非常强烈，往往会攥走我们所有平静、快乐的思想和情绪。

忧虑对我们伤害最大的时候，不是在我们正忙着工作的时候，而是在我们干完一天的工作之后。那时，我们的想象力会混乱，我们会想到各种荒诞不经的事情，夸大每一个小错误。每当这时，我们的忧虑就会像滚雪球一样越滚越大，直到我们不堪重负而倒下。

那么，如何消除忧虑呢？消除忧虑的最好办法，就是让你自己忙着，做一些有意义的事情。我们可以把工作当作一种很好的古老治疗法。为什么"让自己忙着"这一简单的事情，就能够将忧虑赶出去？因为有这么一个定理——这是心理学上所发现的最基本的一条定理。这条定理就是：不论一个人多么聪明，他的思想都不可能在同一时间想一件以上的事情。

让我们来做一个实验：假定你现在坐在椅子上，闭上两眼，试着在同一时间去想两件事情：自由女神，你明天早晨打算做什么事情。

你会发现自己只能轮流地想其中的一件事，而不能同时想两件事情，对不对？从你的情感上来说，也是这样。我们不可能既激动、热忱地去想做一些很令人兴奋的事情，又同时因为忧虑而拖累下来。

卡耐基思想精华：

让人摆脱愁苦的秘诀就是，有空闲时间来想自己到底快不快乐。

所以不必去想它，让自己忙起来，你的血液就会开始循环，你的思想就会变得敏锐——让自己一直忙着，这是世界上最便宜的一种药，也是最好的一种药。

当我们怕被闪电打死、怕坐火车翻车时，想一想发生的平均率，会少得把我们笑死。

——卡耐基

平均率可以战胜忧虑

卡耐基从小生活在密苏里州的一个农场上。有一天，在帮母亲摘樱桃的时候，他开始哭了起来。卡耐基的母亲问他："戴尔，你到底有什么好哭的啊？"他哽咽地回答道："我怕我会被活埋。"

那时候卡耐基心里充满了忧虑。暴风雨来的时候，他担心被闪电打死；日子不好过的时候，他担心东西不够吃；另外，他还怕死了之后会进地狱；他怕一个叫詹姆怀特的大男孩会割下他的两只大耳朵。他忧虑，是因为怕女孩子在他脱帽向她们鞠躬的时候会取笑他；他忧虑，是因为怕将来没一个女孩子肯嫁给他。该怎么办？怎么办？他在犁田的时候，常常花几个钟头在想这些惊天动地的大问题。

随着时光飞逝，他渐渐发现自己所担心的事情里，有百分之九十九根本就不会发生。比如，随便在哪一年，他被闪电击中的机会，大概是三十五万分之一。

每一个人在小时候都忧虑过各种各样的事情，这大概可以作为小孩子天真可爱的谈资。可是我们很多成年人的忧虑，也几乎一样的荒谬。

如果我们检查一下所谓的平均率，就常常会因所发现的事实而惊讶。比方说，如果人们知道在五年以内，我们就得打一场像盖茨堡战役那样惨烈的仗，那么我们一定会被吓坏。我们一定会想尽办法去加保我们的人寿险；我们会写下遗嘱，把我们所有的财物变卖一空。我们会说："我大概没办法活着撑过这场战争，所以我最好痛痛快快地过剩下的这些年。"但是事实上，根据平均率，在平时，五十岁到五十五岁之间，每一千个人里死去的人数，和盖茨堡战役里十六万三千名士兵每一千人里阵亡的人数相同。

要是我们停止忧虑的时间足够长，可以根据平均率评估我们的忧虑究竟值不值得。如此一来，我们应该可以把忧虑消掉十分之九了。

其实，平均律在告诉我们不要杞人忧天，不要顾及那些在我们身边不可能发生的事情，安安稳稳过自己的日子。即使发生了，提前做好防备，也是不会有什么大碍的。

差不多所有的忧虑与伤感，都是人们的想象造成的，而不是事实本身。在我们被自己的想象摧毁之前，不妨先算一算我们想象之中那件可怕的事情发生的概率有多大。我们不妨在忧虑的时候这样想想："去查一下过去的记录吧，看看我现在正在忧虑的这件事情，发生的概率有多大。"当我们查到这件事情发生的概率时，我们也许就会为自己的忧虑而感到好笑了。

当然，这个方法适用于我们的一些莫名其妙的忧虑。如果我们在为经常发生的事情而忧虑，比如失业，那么我们不妨看看那些失业之后的人们的再就业率是多少。然后我们就会发现，就算失业了，我们还有很大的机会找到另一份工作。

总之，我们要尽量找到引发忧虑的那件事情的好的一面，最好是能用科学的方法证明的好的一面，这样我们就能找到说服自己不再忧虑的科学依据。

卡耐基思想精华：

在日常生活之中，我们常常会因为某些见闻而产生一些不切实际的忧虑，这个时候我们可以去查一查引起我们不切实际的忧虑的那些事情发生的概率。这能使我们很快看到，我们所忧虑的事情实际上是极少发生的。

知足和克制地对待欲望，可以使我们更加珍惜今天的进步和幸福，防止因物质享乐的不知足而贪婪堕落。

——卡耐基

克制欲望可以减少忧虑

卡耐基又一次失业了。他如同一只斗败的公鸡，完全没有了勇气与自信。忽然，他的视野里"走"进了一个没有腿的人。那个人坐在一块用溜冰鞋当轮子的木板上，他手握两块木板撑着地，一步步向前挪动。穿过街道之后，他准备将自己抬高一点，好跨到人行道上来。就在他使劲往上抬木板的时候，他看见了卡耐基。然后，他笑了，很灿烂地笑了。

这个笑容就像魔法一样，瞬时令卡耐基的颓废烟消云散。卡耐基忽然感到自己富有了，至少，"我拥有健康的双腿啊"，想到这里，卡耐基为自己之前的自怜感到羞愧不已。

日常生活之中，在街道上，在地铁里，在公园里，在水池旁，我们常常会遇到一些身体残障的人，可是他们并不像我们想象之中那样颓废；相反，他们有璀璨的笑容。一个没有腿的人，生活在这个世界上，相对于我们有健康双腿的人来说，他们面临着难以描摹的困难，可是他们仍然能愉快地、自信地生活。那么，我们这些不需要用木板一步一步挪动的人，有什么理由继续忧郁？

所以，拥有健康的双腿之后，就不要贪恋名牌汽车。我们在为自己没有名牌汽车而伤感时，那些没有双腿的人却毫无怨言地快乐地生活着。

现实生活之中，似乎每个人都在能吃饱面包之后，向往着法国大餐。当然，如果完全没有欲望，也许就没有前进的动力。但是，如果欲望没有尽头，拥有再多的财富也会觉得空虚与茫然。这就失去了我们奋斗的初衷：我们为了更好的生活而奋斗着，却发现我们不能从这种更好的生活之中感受到幸福。

我们生活之中百分之九十的事情都不会遇到什么波折，只有百分之十的事情进行得不顺利。忧虑道常是因为我们希望得到更多而造成的。为了得到更多，花费的精力就更多，不仅仅希望那百分之十的事情顺利进行，还希望那百分之九十的事情能趋于完美。其实，我们只要把精力放在那百分之九十上即可。人们总是对于眼前拥有的毫不在意，却耿耿于怀于那些未曾拥有的。

假如你愿意，完全可以为自己的所有而感到心满意足——因为那没准儿比阿里巴巴还富有。谁愿意用一亿元出卖自己的腿？

叔本华说，对于眼前拥有的，我们不大去想它；对于未曾拥有的，却总是耿耿于怀。这简直就是一件最最不幸的事情。它会带来比一切战争、疾病都严重的灾难。

知足者身贫而心富，贪得者身富而心贫。我们常说知足常乐，就是说我们的心富，虽没有多少财产，收入也没有别人高，但我们心无忧虑。人是有思想的，思想富有才是真正的富有。真正做到知足，人生便会多一些从容，多一些达观，从而常乐。

克制欲望就是知足常乐，就是对幸福的追求持一种极易满足的态度。一个人知道满足，心里就时常是快乐的、达观的，有利于身心健康。相反，贪得无厌，不知满足，就会时时感到焦虑不安，甚至痛苦不堪。知足是一种处事态度，常乐是一种幽幽释然的情怀。知足常乐，贵在调节。这是一种人生底色，当我们在忙于追求、拼搏而迷失方向的时候，知足常乐，这种在平凡中渲染的人生底色所孕育的宁静与温馨对于风雨兼程的我们是一个避风的港口。休憩整理后，毅然前行，来源于自身平和的不竭动力。

卡耐基思想精华：

快乐、幸福都是建立在知足的基础上的。这里并不是说不思进取、不前进，而是在自己的能力控制范围内循序渐进地前进。不要把太多不实际、不可能完成的事摆在眼前，不达到目的就绝不放手，要知足常乐。

是的，牛奶被打翻了，漏光了，怎么办？是看着被打翻的牛奶伤心哭泣，还是去做点别的？记住，被打翻的牛奶已成事实，不可能重新装回瓶中，我们唯一能做的，就是找出教训，然后忘掉这些不愉快。

——卡耐基

不要为打翻的牛奶哭泣

励志大师戴尔·卡耐基事业刚起步时，在密苏里州举办了一个成人教育班。由于没有经验又疏于财务管理，在投入了很多资金用于广告宣传、租房、日常的各种开销之后，他发现虽然这种成人教育班的社会反响很好，但自己所取得的经济效益很糟糕，一连数月的辛苦劳动竟然没有什么回报，收入只是刚够支出，可以说根本没有什么收益。

卡耐基为此很是苦恼，他不断地抱怨自己的疏忽大意。这种状态持续了很长时间，他整日闷闷不乐，神情恍惚，无法将刚刚开始的事业进行下去。最后，卡耐基只能去找他中学时的生理课老师乔治·约翰逊，向他寻求心灵上的帮助。老师对他说了一句话："不要为打翻的牛奶哭泣。"

老师的这句话如同醍醐灌顶，卡耐基的苦恼顿时消失，精神也振作起来。

"别为打翻的牛奶哭泣"是英国的一句谚语，意即事情已不可挽回，就别再为它苦恼了。看似简单的一句话，却意义深刻，它其实告诉了我们一种对待错误和失误的心态。错误在人生中随处可遇，有些错误可以改正、可以挽救，而有些失误就不可挽回了。改变不了的事实我们有时只能听之任之，那么，是不是我们面对人生的失误就只有一筹莫展了呢？不，我们可以改变心情，让我们的人生拥有一个乐观的心态。这种乐观的心态能帮我们重建人生的信心。中国也有"覆水难收"这个成语，可见中西方的智慧总有不谋而合的时候。古老的谚语，说起来虽然很轻松，但却很少有人能真正做到。

别为打翻的牛奶哭泣，这句貌似简单平常的话里，蕴含着深刻的人生哲理。牛奶已经打翻，再哭泣也没有用，还不如振作起来投入到新的战斗中。在生活的舞台上，没有旁观者，每个人都是演员，但没有正式的演出时间，而往往是即兴表演；生活就是导演，由于准备不足，或者说客观环境的限制，难免会像打翻的牛奶一样演砸。一次高考的失败，一次刻骨铭心的失恋，一次创业的失败，生活总是按着自己的规律而不是以人的主观意志进行着。

有人从失利中吸取教训，又满怀信心地投入新的生活，开始了新的一天。有人却深陷在失利的泥潭中，不能自拔。我们知道应选择前者，从失利的阴影中走出来，从头再来。但在生活中，需要的不仅是勇气和决心，还有时间。有些人从失利中解脱出来，需要几天、几个月，但有些人则需要几年甚至几十年。

卡耐基思想精华：

泰戈尔说过："当你为错过星星而伤神时，你也将错过月亮。"无论你快乐或者痛苦，生活是不会因此而放慢脚步的。人生是一个过程，而不是一种结果，所以人的一生就是把无数明天变为今天，再把今天变为昨天的过程。就算我们错过了昨天，还有好多可以把握的今天。别为打翻的牛奶哭泣，无论昨天怎样，只有把它忘掉，才能轻装上阵，把握好今天。

可以通过一本吸引人的好书　将烦恼抛除。

——卡耐基

消除烦恼的五个方法

卡耐基的课程受到了广泛的欢迎，赢得了较高的声誉。但并非所有人都认为卡耐基的课程是有效的和实用的，在卡耐基的课程不断发展的同时，也遭到了来自另一方面的非议和责难。

戴尔·卡耐基在青年会夜校的课程非常紧张，他无心兼顾身外的任何景物，哪怕是行人也不在意。他意识到自己不适合写小说，因为他那本呕心沥血之作《大风雪》被许多人称为"毫无价值的东西"。既然没有写作的才华，他需要的是日夜苦读，做好关于"卡耐基课程"的每一件事。

经过较长时间的实践，卡耐基认为，他的卡耐基课程不能只是沿用现在的形式，应当有所创新，让自己的课程形成一个比较清晰的内容体系。

因此，卡耐基停止了讲课，躲到办公室里构思自己的课程安排，修改并制定新的课程表。可是，正是由于一个晚上的停课，学生们不满了，闹到青年会的新主任那里。那位中年妇女主任毫不客气地教育戴尔·卡耐基："先生，你必须记着：你的课程，学生们并不怎样满意。你不能如此懒惰，不要以为你现在能拿到三十美元一个晚上就很了不起！明天，我就可以让你永远告别青年会，如果你不能勤奋地工作！"

面对这样的警告，加之卡耐基课程进展停滞，卡耐基感到前所未有的压力，这与他之前一无所有时的压力是不一样的。他已经在成功的路口上，一步踏错，也许就前功尽弃了。

苦思之中的卡耐基郁闷之极，他想要发泄一番，于是花了一天的时间重温了自己的最爱——《林肯传记》，发现林肯的经历与自己的经历越来越相似了。重要的是，他现在也像林肯一样面对着成功之中的挫折。"林肯之所以最后能名垂青史，是因为他不管遇到什么样的挫折都能坚持到阴霾散尽的时候，和他比起来，我这点小挫折又算什么呢？"他这样想着，神清气爽、意气风发地回到了住处。

卡耐基喜欢在读书之中等待烦恼消散。

现实生活中，我们也会因为各种各样的原因而烦恼。我们自身不够优秀，单调枯燥的工作，一成不变的生活……这些都令我们唉声叹气、烦恼不已。更糟糕的是，我们一旦开始烦恼，就会将烦恼扩大，深陷其中，不能自拔。

然而，人非圣贤，岂能事事完美。对自己多一份宽容，我们也能变得更加轻松。单调枯燥的工作，一成不变的生活，都是可以改变的，不妨开动脑筋，变换一下生活的方式。如买本菜谱，尝试着做一些新鲜的菜肴，或是找点理由，偶尔全家人来一顿烛光晚餐；每天定时定点看电视的时间是否可以改为出去散散步运动一下；到了节假日全家出游一次。总之，只要是能做到的都可以试一试，或许只是一个小小的改变就能有意想不到的效果。我们之所以不能沉浸在某一特殊时刻所发生的事情中，关键在于过多地关注一些利益攸关的目的，而忽略了去发现和欣赏许多美好的东西。赶车上班，与其为那一个多小时的上班车程而忧心忡忡，倒不如把心思倾注于自己感兴趣的事情之中。也许一阵清脆的鸟鸣能让你心情愉快，刚刚盛开的花朵能使你倍感神清气爽，留一份好的心情带到你的工作单位。

卡耐基在《人性的弱点》一书中，给出了消除烦恼的五个方法。

方法1：专心致志去做某件事，可以使人忘记烦恼。

方法2：可以通过一本吸引人的好书，将烦恼抛除。

方法3：剧烈的身体运动，沮丧和忧愁都会随汗水流走。

方法4：如果很忙，事情很多，人很紧张，不妨让自己放松一会儿，什么都不干。

方法5：耐心和时间。当有烦恼时，不妨告诉自己：两个月之后，我就不必为这件事烦恼了，所以我现在又何必为它烦恼呢？为什么我现在不采取我两个月以后采取的那种态度呢？

卡耐基思想精华：

烦恼是生活中不可忽略的组成部分。当烦恼来临时，我们切不可沉迷其中不可自拔，要及时地将其消除。

你要是被人家踢了，或者是被别人恶意批评，请记住，他们之所以做这种事情，是因为这事能够使他们有一种自以为重要的感觉，这通常也就意味着你已经有所成就，而且值得别人注意。

——卡耐基

从来没有人会踢一只死狗

没有任何人喜欢别人的批评，但绝对不可能不受批评。当初我希望周围的人都认为我非常完美，要是他们不这样想的话，就会使我忧虑。只要哪一个人对我有一点怨言，我就会想法子去取悦他。可是我所做的讨好他的事情，总会使另外一个人生气。最后发现，我越想去讨好别人，避免别人对我的批评，就越会使我的敌人增加。虽然我们不能阻止别人对自己做任何不公正的批评，但我们可以做一件更重要的事：我们可以决定是否要让自己受到那些不公正批评的干扰。不要管别人怎么说，只要你心里知道自己是对的就行。

不错，狗越是重要，踢它的人越能够感到满足。

你要是被人家踢了，或者是被别人恶意批评的话，请记住，他们之所以做这种事情，是因为这事能够使他们有一种自以为重要的感觉，这通常也就意味着你已经有所成就，而且值得别人注意。

确实如此，越勇猛的狗，人们踢起来就越有成就感。

哲学家叔本华曾说过："小人常为伟人的缺点或过失而得意。"

耶鲁大学的前校长德怀特曾说："如果此人当选美国总统，我们的国家将会合法卖淫，行为可鄙，是非不分，不再敬天爱人。"

这听起来似乎是在骂希特勒吧？可是他谩骂的对象竟是杰斐逊总统，就是撰写《独立宣言》、被赞美为民主先驱的杰斐逊总统。

有一个美国人，被人骂作"伪君子""骗子""比谋杀犯好不了多少"……你猜是谁？一幅刊在报纸上的漫画把他画成伏在断头台上，一把大刀正要切下他的脑袋，街上的人群都在指责他。他是谁？他是乔治·华盛顿。

不合理的批评往往是一种掩饰了的赞美。

朋友，如果你被人批评，请不要恼怒，那是因为批评你会给他一种重要感。这也说明你已经有所成就，而且是被别人注意的。很多人凭借指责比自己更有成就的人来得到满足感。

所以，请记住："没有人会踢一只死狗。"你越优秀遇到的批评指责就会越多，因为指责批评的人觉得这样才有成就感。

只要你超群出众，你就一定会受到批评，所以还是趁早习惯比较好，尽你最大的可能去做，然后把你的雨伞收起来，让批评你的雨水从你的身上流下来，而不是滴在你的脖子里。

其实，那些恶意的批评只是在表明，我们已经优秀到令人嫉妒的地步。那么，如何来看待嫉妒？嫉妒是一种再正常不过的情绪，它存在于下意识里，一般人们并不会主动去觉察。嫉妒是一种自我防御，因为不如人，却又接受不了自己弱于他人的感受，于是产生一种对他人的贬低或攻击，目的不是为了伤害什么人，而是让自己处在劣势中还能快乐。你在各方面都有优势，也要让别人在你身边还能自在自如，所以正确的态度是宽容。

嫉妒，假如是轻微的，可能还有刺激一下自己优越感的快意，但受到强烈的嫉妒和诋毁时，就会非常恼火和痛苦，并影响与其和睦相处。因此，被嫉妒者要善于处嫉。针对这个问题，根据卡耐基的思想，我们归纳出了一些建议。

第一，热心消嫉。对不如意的人给予关心，可以降低嫉妒的程度。

第二，示弱化嫉。嫉妒必是对处在高处的人发泄的。因此，被嫉妒的人将自己的缺点坦白公开，可以缓和对方的自卑感，使之产生与自己一样的平等感，起到缓和嫉妒的作用。

第三，"净化"泄嫉。嫉妒者心中毫无例外地都具有无处发泄的愤恨，感情上处在非常不愉快的状态。被嫉妒的人要利用各种机会，取得当事人全面的信任，让他泄出心中的郁闷，并巧妙地加以说服和感化。

第四，大肚容嫉。嫉妒之心人人有之，要以宽宏大量的态度容忍谅解对方的嫉妒心理，并热情帮助其克服困难；当取得成功或成就时，不要恃才自傲，要尊重对方，热情邀请对方共同分享自己的快乐等。

第五，拉大距离止嫉。遭到他人嫉妒，要充分认识到是由于自己与对方的距离没有拉开。消除他人嫉妒的最好办法是继续努力，加大前进的步伐，拉大与嫉妒者的距离，使其望尘莫及、自叹弗如而偃旗息鼓不再嫉妒。

第六，慎交友防嫉。最防不胜防和最可怕的嫉妒，往往来自于最了解自己的人或知心朋友。因此，应谨慎与那些爱拨弄是非、心胸狭窄的人结交。

卡耐基思想精华：

只要有人类的地方就会有斗争，那么嫉妒也就会出现。如果被人嫉妒、被人中伤，请不要生气，要知道如果你不是那样的优秀和出色，谁会来嫉妒和中伤你呢？聪明的人遇到这样的情况一般都是对嫉妒者不屑一顾，而意志薄弱的人往往就会被他人的嫉妒中伤打倒。

不要害怕别人怎么说，只要你自己心里知道你是对的就行了。避免所有批评的唯一方法，就是做你心里认为正确的事情，因为"做也该死，不做也该死"，无论如何你都是会受到批评的。

——卡耐基

不要让批评伤害你

大多数人对不值一提的小事情都看得过分认真，卡耐基曾经也是这样。卡耐基还记得在很多年以前，有一个从纽约《太阳报》来的记者，参加了卡耐基办的成人教育班的示范教学会，在会上攻击卡耐基及他的工作。卡耐基当时真是气坏了，认为这是他对自己的一种侮辱。他打电话给《太阳报》执行委员会的主席季尔·何吉斯，特别要求刊登一篇文章，说明事实的真相，不能这样嘲弄他。他当时下定决心要让犯罪的人受到适当的处罚。

卡耐基后来说，他对当时的行为感到非常惭愧。他现在才了解，买那份报的人大概有一半不会看到那篇文章；看到的人里面又有一半只会把它当作一件小事情来看；而真正注意到这篇文章的人里面，又有一半在几个星期之后就把这件事情全部忘记。

卡耐基终于明白，一般人根本就不会想到我们，也不会关心别人批评我们的话，他们只会想到自己。他们对自己的小问题的关心程度，要比能置你或我于死地的大消息强一千倍。

即使你和我被人家说了无聊的闲话，被人当作笑柄，被人骗了，被人从后面刺了一刀，或者被某一个我们最亲密的朋友给出卖了，也千万不要纵容自己沉迷于自怜，应该要提醒自己，想想耶稣基督所碰到的那些事情。他十二个最亲密的友人里，有一个背叛了他，而所贪图的赏金，如果折合成现在的钱，只不过19美元；他最亲密的友人里另外还有一个，在他惹上麻烦的时候公开背弃了他，还三次表示他根本不认得耶稣，一面说还一面发誓。出卖他的人占了六分之一，这就是耶稣所碰到的，为什么就一定希望我们能够比他更好呢？

卡耐基认识到，虽然他不能阻止别人对他做任何不公正的批评，但他可以做一件更重要的事，即可以决定是否要让自己受到那些不公正批评的干扰。"我们敌人的意见，"罗契方卡说，"要比我们自己的意见更接近于实情。"

卡耐基承认，很多次他都知道这句话是对的。可是每当有人开始批评他的时候，只要他稍不注意，就会马上很本能地开始为自己辩护——甚至可能还根本不知道批评者会说些什么。卡耐基说，每次他这样做的时候，就觉得非常懊恼。我们每个人都不喜欢被批评，而希望听到别人的赞美，也不管这些批评或这些赞美是不是公正。我们不是一种讲逻辑的生物，而是一种感情动物，我们的逻辑就像一只小小的独木舟，在又深又黑、风浪又大的情感海洋里漂荡。

那么，当我们受到不公正的批评时该怎么办？卡耐基告诉我们一个办法：当你因为觉得自己受到不公正的批评而生气的时候，先停下来说："等一等……我离所谓完美的程度还差得远呢！如果爱因斯坦承认百分之九十九的时候他都是错的，也许我至少有百分之八十的时候是错的，也许我该受到这样的批评，如果确实是这样的话，我倒应该表示感谢，并想办法由这里得到益处。"

如果听到有人说我们的坏话，不要先替自己辩护。我们要与众不同，要谦虚，要明理；我们要去见批评我们的人，要说"如果批评我的人知道我所有的错误，他对我的批评一定会比现在严厉得多"。我们要依靠自己赢得别人的喝彩。

虽然我们不能阻止别人对我们进行不公平的批评，但我们却可以做一件更加重要的事情：我们可以决定是否让自己受到那些不公平的批评的干扰。即使别人说了你一些无聊的闲话，或欺骗了你，甚至从后面捅了你一刀，也千万不要沉溺在自怜中，而是尽你最大的可能去做，让批评你的雨水流到身后去。

　　如果把这一点说得更清楚些就是，他并不赞成完全不理会所有的批评，正相反，他所说的只是不理会那些不公正的批评。

卡耐基思想精华：

　　当你和我受到不公平的批评时，让我们记住：尽你最大的可能去做，然后收起你的雨伞，让批评你的雨水顺着你的脖子后面流下去。

永远不要欠身体休息和睡眠的债，一旦你欠下了这种债，利息将比任何一种贷款的利息要高得多。疲劳前的休息将会收到意想不到的效果。

——卡耐基

在感到疲劳之前休息

卡耐基无论工作多忙都能保证精力充沛地站在演讲台上，他总是那么的神采奕奕。当卡耐基和他的学生费恩等开始创立卡耐基培训公司的时候，每天都忙得要命。但是，卡耐基仍然能够接受很多机构的演讲邀请，并且他的演讲每一次都很成功。有一次费恩很不解，便问："老师，我知道，您其实比我们任何一个人都要忙。可是，您有什么法宝，能让您在这么忙的情况之下还能神采奕奕地去演讲呢？"卡耐基微微一笑说："哪有什么法宝，只要保证足够的休息时间就够了。我不像你们，要累到眼皮打架才舍得睡觉，我是在感到疲劳之前就休息了。"

我们有很多人不到累得困乏至极时，一般是不会休息的。请问：这种情况下休息好不好？休息有没有效果？坦率地讲，感到困倦了再休息，不能说没有效果，还是有一定的成效的。困倦了再休息的人，肯定要比累了不知道休息的人要好。但是，从有利于人能够保持充沛的精力和耐力上讲，从有利于提高学习和办事效率上讲，从有利于人的健康长寿上讲，在累了困倦了的时候再休息，不如在感到疲倦之前就休息的做法好。卡耐基正是深谙这个道理才能时时使自己处于精力充沛的状态。

人世间有很多复杂的东西，有很多的规律和原则，因此，在休息上也是有规律和原则可循的。那么，休息的规律和原则是什么呢?

医学专家指出:人体生命活动是一个矛盾的过程。运动固然可以促进体内血液循环，改善多种组织器官的功能，增强抗病能力，加速代谢物的排泄，但是科学家对从事大运动量的运动员进行长期跟踪观察后发现，剧烈的运动，尤其是长时间的健身锻炼后，极易导致组织器官的损伤，甚至会加速衰老。

疲劳对人体来说又是一种保护性机制。疲劳极易诱发许多疾病。疲劳的产生有一定的物质基础，这就是人体在新陈代谢过程中，产生的二氧化碳、乳酸、非蛋白氮等。当人体内的这些疲劳物质积累到一定程度，达到"疲劳阈值"，人就会感到疲劳。人体内也有能消除、转化这种疲劳物质的机制，但有一个度，疲劳物质的数量在"疲劳阈值"以下时，这种物质很快被消除。疲劳物质的数量达到或超过一定范围，消除它们的时间就会大大延长。而这个规律揭示人们不应感到疲劳时才去休息，而应该学会超前休息，也就是说疲劳未到之前适当休息效果会更佳。自己真的累了才想起休息，这样的话，于事无补是肯定的。

所以，根据每个人的生活习惯和规律，我们要在没感到疲倦之前就休息。而且要从个人体质的实际需要出发，要能经常保持充足的休息。这是积极的科学的休息态度。

道理很简单，人在没感到疲倦之前就休息，疲劳消除得快，精力恢复得快，能使人体生物钟保证正常。如果不是这样，非要到身体感到支撑不住时再休息，恐怕用与没感到疲倦之前休息同样的时间是恢复不过来的。由于疲劳过度，很可能还会伤害身体。一句话，靠拼体力工作，不注意科学的生活，是愚蠢的行为。也就是说，不在万不得已的情况下，我们是不提倡拼体力加班加点工作和劳动的。我国之所以规定了明确的周五工作制、每日8小时的工作时间制度，就是充分考虑了绝大多数人的生活和生理情况的。没有特殊的情况，一般是不宜随意改变它的。很多实践证明，"惊涛骇浪"不如"细水长流"的好。

休息是为了更好地战斗，这样我们才能把自己的身体和工作更好地结合起来。

卡耐基思想精华：

人们常说"短暂的休息可以消除疲劳"，事实上，如果身体已经处于疲劳状态，短暂的休息是不足以使疲劳消除的，只有疲劳之前的短暂休息才能保证身体的活力。就像电池，如果你持续使用，直到把它的电全用光，那么即使你再让它"休息"100年，它也不会再有电了；而如果你用一会儿就让它休息一下，电力就能够释放得更持久一些。其实，紧张繁忙的工作、学习之余，人就会感到疲劳，疲劳就需要休息，这就是对立的统一。

如果你经常没有办法入睡，那是因为你"说"得让自己得了失眠症。

——卡耐基

不再为失眠忧虑

卡耐基在做推销员的时候，有一段时期睡眠质量不好。刚开始，他以为是自己胡思乱想睡不着而已，也没有多加在意。后来，这种情况越来越严重，终于发展为失眠。结果每天早上上班都迟到。老板警告他，如果再睡过头，就要小心丢了差事。于是，他发现自己的忧虑又多了一项：失眠。

他尝试用数羊的方法催眠，一直数到天亮也没有睡着。

最后他找了一位医生，医生分析了他的症状之后说："卡耐基先生，我没有办法帮你的忙。如果今晚你再失眠，就对自己说：'我才不在乎睡得着睡不着，就算醒着躺一夜，那也能得到休息。'"

卡耐基照他的话去做，不到两个星期就能安稳入睡了。不到一个月，他的睡眠就恢复了八小时，精神上也没有痛苦了。后来卡耐基也陆陆续续失眠，但是他再也不会因为失眠而忧虑了。

后来，卡耐基才想明白，折磨他的不是失眠症，而是失眠引起的焦虑。

我们的一生有三分之一时间花在睡眠上，可是没人知道睡眠究竟是怎么回事。我们只知道睡觉是一种习惯，是一种休息状态，但我们不清楚每个人需要几个小时的睡眠，更不清楚我们是不是非要睡觉不可。

睡眠时间因人而异。著名指挥家托斯卡尼尼每晚只睡五个小时，而柯立芝总统每天却要睡11小时。所以，我们完全没有必要为此忧虑。因为，折磨我们的不是失眠，而是失眠引起的忧虑。并且，因为失眠而忧虑所产生的损害远远超过失眠本身。

可是，人们又似乎认为治疗失眠引起的忧虑的最佳方法是治好失眠。卡耐基认为要想安稳地睡一觉的第一个必要条件就是要有安全感。大卫·哈罗·芬克博士曾写过一本书，叫作《消除神经紧张》，提出和自己身体交谈的方法。他认为，语言是一切催眠法的主要关键。如果你要从失眠状态中解脱出来，你就对你身上的肌肉说："放松，一切放松。"众所周知，肌肉紧张时，你的思想和神经就不可能放松。所以，如果我们想要入睡，就必须从放松肌肉开始。然后，为了同样的理由，把几个小枕头垫在手臂底下，使自己的下鄂、眼睛、手臂和双腿放松，我们就会在还不知道是怎么回事之前入睡了。

另外一种治疗失眠的有效方法，就是使你自己疲倦。名作家德莱塞还是一个为生活挣扎的年轻作家时，也曾经为失眠忧虑过。于是，他到纽约中央铁路去找了一份铁路工人的工作。在做了一天打钉和铲石子的工作之后，就疲倦得甚至于没有办法坐在那里把晚饭吃完。假如我们十分疲倦，即使我们是在走路，大自然也会强迫我们入睡。当一个人完全筋疲力尽之后，即使在打雷或战争的恐怖和危险之下，也能安然入睡。从来没有一个人会用不睡觉来自杀。不论他有多强的控制力，大自然都会强迫一个人入睡。我们可以长久不吃东西、不喝水，却无法不睡觉。

所以，不为失眠而忧虑的三条规则如下。

一、如果你睡不着就起来工作或看书，直到你打瞌睡为止。

二、让你全身放松，看一看《消除神经紧张》这本书。

三、多运动，让你因体力疲惫而无法保持清醒。

卡耐基思想精华:

失眠并不可怕,每天只睡四小时的人与睡够八小时的人一样,也可以照常工作,只要我们不因为失眠而忧虑。

第八章

卡耐基成功演讲训练法

本章最重要的目的是帮助人们建立自信、克服畏惧，能够在公共场合有效地表达自己的观点。本章没有列举死板的条例、方法，而是通过卡耐基的切身经历来向大家阐释如何锻炼自己在公共场合清楚表达自己观点的能力。

找一个对你的题材有兴趣的朋友，详尽地把你的想法讲给他听。这种方式，可以帮你发现可能遗漏的见解、事先无法预料的争论，以及找到最适合讲述这个故事的形式。

——卡耐基

做好充分的准备

从1912年开始，因为职业上的原因，卡耐基每年要对5000多次演讲进行评析。其中有一位官员让卡耐基记忆深刻。这位显赫的官员开始想要随意即兴演讲，但是他显然弄错了政府报告与当众演讲的区别。他找不到要说的话题，只有东拉一句西扯一句。于是，他拿出一本笔记，试图从这本杂乱无章的笔记里面找出自己想要讲的东西。他手忙脚乱地翻来翻去，却找不到一些有用的东西，说起话来显得尴尬而笨拙。他不停地道歉，挣扎着想从笔记里面理出来一点点头绪。卡耐基认为这是他见过的最糟糕的演讲。

这场失败的演讲让卡耐基认识到：只有充分准备的演讲者才能有完全的自信。站在演讲台上，要是无话可说，即便是显赫的官员也会尴尬到恐惧的地步。

那么，我们如何做好充分的准备呢？卡耐基给出了一些建议。

第一，不要逐字逐句背诵演讲稿。"充分的准备"与"背诵演讲稿"是完全不同的两件事。为了保护自己，以免在观众面前脑中一片空白，很多演讲者一头栽进记忆的陷阱里。但凡认为充分的准备就是背诵演讲稿的人，都会不可救药地进行这种浪费时间的准备，而这种准备最终会毁了整个演讲。

写出演讲稿，然后满头大汗地背下来，不但浪费时间、精力，而且很容易导致失败。想想我们在生活之中，想要表达什么就会自然而然地顺口说出来，从没有费劲地去推敲字眼。我们随时都在思考着，等到思想明澈的时候，言语就像我们呼吸的空气，不知不觉地自然流出。如果我们逐字背下演讲词面向听众的时候，很容易因为紧张而遗忘。即使没有忘记，也是很呆板地吐出那些字眼。因为，这时我们吐出来的字眼只是我们记忆之中的那些符号而已，而不是我们此时此刻的思想的顺畅表达。私下与别人交谈的时候，我们总是一心想着要说的事，然后就直接说了出来。那么把演讲当作我们平常讲话那样就好了，为什么要改变我们一直以来的说话方式呢？如果我们非要写演讲稿、背演讲稿，就很可能像那位显赫的官员一样，丑态百出。

第二，预先整理。演讲越接近生活，就越能抓住人们的耳朵。我们在平时的生活之中，要随时留意那些有意义的、曾经给我们指引的有关人生内涵的经验，然后把从经验中获取的思想、理念、感悟等汇集整理。真正有用的准备，是我们对演讲题目的深思。深思我们的题目，酝酿成熟，结合我们平时在生活之中的所思所想，再把这些意念进行逻辑梳理，最后把它们写在小纸片上。听起来不难，实际上做起来也不难，只需要我们投入一点专注和思考就行了。

第三，必要的彩排。当准备进行到一定程度的时候，就需要试讲一下了。这是一个保证你万无一失且简单有效的方法。把我们的想法，和朋友或者同事在日常谈话之中聊一聊，观察他们的反应，听听他们的想法，说不定他们有新的主意。当然，他们并不知道这种闲聊实际上是我们的预演。不过，知道了也没有关系，因为我们聊得很愉快。

卡耐基思想精华：

只有充分准备的演讲者才能有完全的自信，就像上战场带着不能用的武器，不带半点炸药，怎么谈得上去攻克恐惧的堡垒呢？做好充分的准备是唯一能给我们安全感的事情。充分的准备能置恐惧于度外。如果没有准备就出现在听众面前，跟没有穿衣服是一样的。

现代的实验心理学家都同意，自我启发而产生的动机，即使是假装的，也是导致快速学习最有力的刺激之一。既然如此，根据事实所做的真诚的自我鼓励，效果不知道要好多少。

——卡耐基

预下成功的决心

卡耐基第一次上台演讲的时候，故作镇定的他其实内心很焦虑。他虽然做了充分的准备，但是仍然对自己的演讲很不自信。他深呼吸，他想着自己最得意的事情，他试着做各种肢体动作……都不能缓解这种不自信带来的紧张。他一遍又一遍地对自己说："没什么好担心的，他们只是一个个萝卜，没什么好怕的……"他发现说到最后，自己的声音都在发抖。后来，他心一横，威胁自己道："既然来了，就要好好地站在演讲台上，我准备了这么久，一定要表现出我的努力。如果我现在还在怀疑自己能否表现出色，还不如马上离开。"然后，他用坚定的声音一个字一个字地对自己说："我——能——做——到，我——能——做——到，我——能——做——到……"这个方法很管用，他就像是被自己的话催眠了一样，坚定的勇气打消了他的紧张。

当然，成功不是说出来的，而是做出来的。但是，要是我们没有一个"我们会成功"的假设，我们很难做下去。我们的忧虑大多来自对结果的不确定。可是结果是无法预知的。似乎，我们对坏结果的恐惧大于对好结果的渴望，所以我们更加担心这个坏结果的出现。然而，结果既然是不可测的，就是说无论我们怎么担心，或者无论我们怎样希望，结果都不会因为我们的想法而改变。那么，与其给自己一个坏的结果的预期，自己吓唬自己，还不如给自己一个好的结果的希望，这样还能自己鼓励自己。

所以，我们需要一遍遍告诉自己："我们能行"，以此来给自己一个成功的预设。那么，要怎么做才能给自己一个成功的预设呢？

给自己打气，这是最简单的方法。案例之中，卡耐基就是用这种方法来给自己一个"我一定能行"的决心的。除非我们有可以为之牺牲的远大的目标，否则任何一位演讲者都会有怀疑自己的演讲的时候。我们会问自己，我适不适合这个题目，听众会不会感兴趣等。很可能一念之间便把题目改了，或者舍弃了某个精挑细选的句子。这个时候，消极的思想可能彻底毁掉我们的自信。所以，我们要自己为自己打气，用浅显的话对自己说，演讲是适合我们自己的，因为它来自我们的体验，来自我们对生命的看法。并且，我们会全力以赴，明明白白又极富感染力地说出我们自己的想法。

除了这种最古老的方法以外，卡耐基还给出了两个预设成功的决心的方法。

第一，融于自己的题材之中。题材选好之后，按照计划加以整理，并跟朋友聊聊，进行演习。这样的准备还不够充分。我们还要让自己相信这个题材是有意义的，还必须有那种曾经激励过历史上伟人们的态度——坚信自己。怎样能让自己确信这一点呢？详细研究题材，抓住其更深层次的意义告诉自己，你的演讲将帮助听众，使他们听过之后，成为更好的人。

第二，避免去想可能会使我们不安的事情。举例来说，假如我们去设想自己可能会说错一句话，很可能在我们开始之前便没有了信心。因为我们的注意力全在这个"设想"上了。开始演讲之前，尤其重要的是把注意力从自己身上移开。试着集中精神听听别的演讲者在说些什么，把注意力放在他们身上，这样就不会造成过度的登台恐惧了。

卡耐基思想精华：

预设成功的勇气实际上就是给自己一个甜美的希望，这个甜美的希望能够诱惑我们不断地前进。人们的畏缩，通常都是害怕一个莫须有的结果。在结果不可知的情况之下，我们不妨给自己一个好的结果的假设，这反而能帮助我们更好地发挥。

把身体站直，直看到听众的眼睛里去，然后开始信心十足地讲话，好似他们每个人都欠你的钱。假想他们欠债，假想他们坐在那里是要求你宽限还债的时间。这种心理作用对你有很大的帮助。

——卡耐基

表现得信心十足

青少年时期的卡耐基曾经很自卑，他不仅不敢站在台上演讲，甚至连在公众场合说话都不敢。他不得不艰难而辛苦地训练自己，不只是对身体，而且是对灵魂和精神的训练。他那个时候很喜欢读书，有一次他读到了一段话。那段话是一个舰长向主角讲述怎样才能做到器宇轩昂、无畏无惧时所说的一段话："刚开始的时候，每个人想有所行动的时候，都会害怕。应该学会驾驭自己，让自己表现得好像一点都不害怕，这样持之以恒，原先的假装就会变成事实。他只不过凭借联想无畏的精神，就在不知不觉之中真的变成无所畏惧的勇者。"这便成了卡耐基训练自己的依据。一开始，他很害怕大声说话，可是，他故意装出不怕的样子；他也很害怕演讲，但是他故意装出不怕的样子。慢慢地，他就不再害怕了。

害怕演讲的时候，卡耐基不是在害怕之中恐惧地颤抖，而是假装自己不害怕，一次一次地假装之后，他开始相信自己是真的不害怕了。那么，他到底还害不害怕呢？管他呢，反正他已经不紧张了。

美国著名的心理学家威廉·詹姆斯说："行动似乎紧随于感觉之后，但事实上却是行动与感觉并行。行动在意志的直接控制之下，通过制约行动，我们也可以间接地制约感觉，但感觉是不受意志的直接控制的。因此，假如我们失去了原有的自然的快乐，那么，使自己快乐的最佳方法，即是快快乐乐地坐着或者说话，表现得自己本来就是快乐的样子一样。如果这样的举动还是不能让你觉得快乐，那就没有别的办法了。所以，让自己感觉自己勇敢起来，而且表现得好像真的很勇敢，运用一切意志达到这个目标，勇气很可能就会取代恐惧感。"多年以后，卡耐基读到这些话，发现这就是自己当年克服演讲的恐惧心理时所运用的。卡耐基以此来建议恐惧演讲的人们，为了培养勇气，面对观众的时候，不妨就表现得好像真有勇气一样。如果已经对自己的内容了然于胸，那就轻松地大步而出，再做一次深呼吸，面对观众致敬。不妨深呼吸30秒，增加的氧气可以提神，给你勇气。气充胸臆，席气而坐，紧张感自然就会消失。

如果站在演讲台上对我们来说是一项挑战，那么，接受这项挑战的人，会发现自己的人品渐渐完美，战胜当众说话的恐惧，已经使我们脱胎换骨，进入更丰富、更圆满的人生。并且，在接受这项挑战的过程之中，我们会发现自己相对于之前那个自己，获得了弥足珍贵的成长。以后，不管是站在多大的演讲台上，不管是面对多少听众，我们都能风度翩翩、侃侃而谈。

当然，表现得信心十足的前提是，我们要有足够的资本作为我们的信心。这个信心就是我们的充分的准备。我们要对自己的演讲有足够的思考与了解，我们要知道自己的听众想要听到什么样的演讲，我们要有几次预演，这些准备做好之后，我们实际上就已经有了自信的资本。如果这样之后，我们还是不自信，那么就可以运用假装自己很自信的方法了。在准备充分的前提下假装自己信心十足其实是在暗示自己："你已经准备得很充分了，还有什么害怕的？所以，把这些人都看成欠你钱的人吧。"如果我们准备得不充分，就形同于我们没有借钱给对方却仍然表现出对方欠我们钱的样子，这样的话，再怎么表演也只会越来越害怕。

卡耐基思想精华：

信心是使我们稳稳当当站在演讲台上的法宝。可是我们时常会觉得自己被这个法宝抛弃了，我们感觉不到自己的信心，并且因此更加自卑。这个时候，我们不妨学习一下"纸老虎"的精神，假装自己很强大，假装自己什么都不怕，假装自己很有信心。于是，我们就会表现得很有信心，这可以使我们至少在一段时间内忘记恐惧。这段时间足够我们投入到演讲之中，忘记恐惧。

听众可不爱听空泛陈旧的讲演。千万不可以认为随意读些报章杂志，就可以谈论这些题目。如果自己所知的不比听众多多少，那还是避开为妙。但是反过来说，既然你曾经投注多年的时间研究它，那毫无疑问，这是注定该你说的题目，绝对要用它。

——卡耐基

在自己的背景之中寻找题目

有一回，有人请教卡耐基："卡耐基先生，您认为初学演讲的人遇到的最大的问题是什么？"他回答说："初学演讲的人，大多不知道如何选择演讲的题目。"

"那么您认为，我们应该怎么选择自己的演讲主题呢？"卡耐基微微一笑，说："答案很简单，在自己的背景之中寻找题目。"

的确，我们很多人经常碰到的问题是，我们要怎么选择自己的演讲题目。我们首先要弄清楚，什么才是最适合我们的题目？卡耐基认为，如果这个题目是我们生活的一部分，或者是我们经验的一部分，或者是我们经过思考得出来的，那么，这个题目肯定就是属于我们的。那么，怎样去寻找这样的题目呢？翻开久远的记忆，从自己的生活背景之中去搜寻生命里那些有意义的并且给你留下鲜明印象的事情，这样我们就能够发现吸引听众注意的题目。然后将调查到的信息与这个题目有机地结合在一起，发展为听众欣赏的题目。毫无疑问，这一过程中，我们的某些特定的个人背景贯穿始终。

第一，成长的经历。这一背景能够引发出关于家庭、童年记忆、学校生活的题目，这些题目也一定会吸引观众的注意力。因为，几乎所有人都在关注别人在成长过程之中如何面对艰难的经过。

所以，不论何时，只要将自己早年的故事穿插在讲演中，都会引起听众的注意。如何确定别人对自己小时候发生的事感兴趣呢？有个最简单的方法：只要多年以后，如果某件事情依旧鲜明地印在脑海中，呼之欲出，那几乎可以保证会令听众产生兴趣了。

第二，梦想出人头地的奋斗经历。这是洋溢着人情味与同理心的经历。回忆自己早期为追求成功所做的努力一定能吸引观众的注意力。我们是如何从事某种特别的工作的，我们遇到了怎样的机遇，我们遭遇了什么样的挫折，我们如何在最困难的时候满怀希望，我们如何一步步小有成就……这些都真实地描述了一个人的生活，也是吸引听众最保险的题材。

第三，爱好及娱乐。这方面的题目要因个人的喜好而定，因此，也是能引起听众注意的好题材。即那个意见完全是因为自己喜欢才去做的事情，一般不可能会出现失误。如果我们对某一特别的爱好有发自内心的热诚，就能让我们把这个题目讲得生动有趣。

第四，特殊的知识领域。多年在同一个领域里工作，我们已经成为这个行业里的专家。如果用多年的经验来讨论有关自己工作或职业方面的事情，也可以保证获得听众的注意与尊重。

第五，不寻常的经历。和某些名人的交流，战争炮火的洗礼，金融危机后的浴火重生，精神颓丧的危机……这些都可以成为最佳的演讲材料。

第六，信仰与信念。我们曾经花费许多的时间和精力，来思考对今日世界中重大事件的态度。这些都表明了我们秉持的信念，如果能用一些例子来加以说明的话，会成为很好的演讲材料。

卡耐基思想精华：

准备演讲不仅仅是将我们的想法罗列在纸上，也不是背诵一连串排比句，更不是从匆忙读过的报章杂志里抽取第二手的意见，而是在自己的脑海及心灵深处，将生命储藏在那儿的信念提取出来。不必怀疑我们的脑海深处有没有那么多的资料，那里的资料其实是有很多的，只要我们深入发掘。也不要误以为这样的题材太个性化，达不到普遍同感的效果，其实，这样的讲演最能让听众快乐，最能让听众感动，这比他们听过的那些职业演讲家的演讲更能触动人心。

有个简单的问题可以帮你确认，你认为合适的题目，是否适合当众谈论。你问问自己，如果有人站起来直言反对你的观点，你会不会又百分之百地信心十足地为自己辩护？如果你会，那么你的题目一定就适合。

——卡耐基

对自己要讲的题目充满热情

卡耐基年轻的时候参加过很多次演讲比赛，成绩一直不是很理想。后来，在一次演讲比赛上，他努力地观察整个比赛过程。他发现，在三四个死气沉沉的演讲者读完自己的手稿之后，有一个选手上台演讲的时候，他没有携带任何纸张或字条，卡耐基不禁对此大为赞赏。他专注于他要讲的事情上，常常通过手势来强调他的观点。他很想让那些思想被观众了解，热切地把那些珍贵的理念传达出来。这与卡耐基在教学上一直倡导的"对自己要讲的题目充满热情"的原则不谋而合。这位选手后来夺得冠军。在这次演讲比赛上，卡耐基虽然成绩仍然不理想，但是他学到了演讲中宝贵的一点：要对自己演讲的题目充满热情。

后来，卡耐基经常想起那位选手的演讲。他真诚、热心。唯有对自己的演讲题目真心所感、真心所想时，才会有这样完美的表现。

前一节，我们讲了如何选择演讲的题目，在这一节里面，我们要弄清楚的是，不是说我们有资格读的话题就一定会引起听众的兴趣。比如你是一个"自己动手"的实践者，那你确实有资格谈谈洗盘子的事情，但是听众不一定乐意听你谈论这个事情。并且，你自己也许对洗盘子深恶痛绝。你对洗盘子没有一点热情，那么，你怎么能讲好这个题目呢？

在确定最适合我们的演讲主题之后，我们还需要知道自己对哪一个主题所涉及的事情满怀热情，这样才能保证我们自己对这个主题有兴趣，从而带动听众对这个主题有兴趣。

很显然，一个成功的演讲必须要有一个好的演讲主题，这个好的演讲主题除了要适合演讲者之外，还必须使演讲者满怀热情。因为，缺乏对演讲主题的热情几乎是所有演讲失败的原因之中最根本的那个。

对自己的演讲主题充满热情，这看起来好像是一个天生就注定的禀赋，实际上这是可以练习的。那么，如何令自己对演讲的主题充满热情呢？

第一，不要携带任何纸张或者字条。很多的演讲者喜欢带着演讲稿上台，这首先就给了自己一个暗示："我对这个主题准备得不充分。"那么，为什么会准备得不充分呢？也许我们会说我们太忙，我们没有时间，我们恰好有个会议所以没来得及……所有的借口归根结底都只是一个问题：我们对自己的演讲主题缺乏一份热情。所以，我们从一开始就要摒弃携带纸条的习惯，我们要用心去思考、去记忆。当我们没有纸笔的时候，我们看报纸的目的就不仅仅是搜集资料了，我们还节省了摘抄的时间用于思考。久而久之，我们会养成随时随地思考我们的演讲主题的习惯，最后我们会突然发现我们的生活之中时时刻刻在上演着与我们的演讲主题有关的事情。这个时候，对演讲主题充满热情已经成了一种习惯。

第二，演讲过程之中，辅以非言语动作。在演讲过程之中，如果我们从头至尾都像一根电线杆一样一动不动，观众就会真的把我们看作一根电线杆。很多演讲者实际上准备充分，对自己的演讲主题也充满了热情，但是依然不能抓住听众的耳朵。原因很简单，他们没有表现出自己的热情。我们自己知道自己的热情是没有意义的，还必须要让听众感觉到我们对自己的演讲主题的热情。那么，如何让他们感觉到呢？只要加一些适当的非言语行为就可以了。偶尔飞扬的眉毛，上扬的嘴角，优雅自然的手势等，这些都能让听众感觉到我们的热情。

卡耐基思想精华：

演讲者的另外一个拖沓却又精准的名字叫作"对自己的题目充满热情"。就像"倾听"是心理医生的看家本领一样，要成为演讲者的一个必要的前提是"对自己的题目充满热情"。我们要想让听众也感受到我们感受的世界，让听众由衷地接受我们的观点，我们必须首先自己热情地接纳我们的观点，我们必须对自己要说的内容充满热情。试想一下，如果我们对自己的演讲内容没有信心，没有热情，那么我们所有的努力都将是空乏无力的。这样的演讲必定从一开始就是失败的。

高明的演讲者热切地希望听众感觉到他所感觉到的，同意他的观点，去做他以为他们该做的事情，分享他的快乐，分担他的忧苦。他以听众为中心，而不是以自我为中心，他明白自己演讲的成败不是由他来决定的——它要由听众的脑袋和心灵去决定。

——卡耐基

激起听众共鸣

卡耐基应邀到一所大学做关于演讲技巧的报告，当时校园里正同时举行青年歌手大奖赛。卡耐基走上讲台，发现台下虽有空位，但走廊上却站着不少学生，可见这是心中犹豫不决的听众，他决定要争取这部分人。他放弃了原来的开场白，这样讲道："同学们，今天首先是你们鼓舞了我，你们放弃了青年歌手大奖赛，来这里听我演讲，这说明你们严肃地做了选择，在说的与唱的之间，一般人选择唱的，而你们却选择了说的；在年轻小伙子、姑娘和老头子之间，一般人选择小伙子和姑娘，而你们却选择了我这半老头子。这说明你们认定说的比唱的好听，老头子比年轻人更有魅力，这使我产生了一种返老还童之感。"开场白后报告厅响起了热烈的掌声，走廊里的人挤进了座位，后面的人又挤进了走廊。

在这里，卡耐基运用了对比法唤起听众的共鸣，成功地吸引了听众的注意。他先把说与唱、年轻人与老头子作对比，再把一般人与听众在二者之间的选择作对比，既褒扬了听众，又巧妙地展示了自己的睿智，引起了听众的重视，使双方心理相融，产生共鸣。

事物之间的对比能更清楚地显示各自的特征，引起人们的重视。在演讲中，用对比的方式来唤起听众的心理共鸣，可以突出演讲主旨的倾向性，引起听众对演讲信息的高度重视，从而与演讲者产生心灵的交融。演讲者发表演讲的目的，就是要吸引、说服、鼓动、感召听众。因此，如何使自己的演讲唤起听众的共鸣，从思想深处征服听众，就成为演讲者最为关注的问题。那么，除了对比法之外，还有什么方法能引起听众的共鸣呢？

第一，趋同法。

演讲者与听众之间共同的地位、经历、愿望、志趣、信仰等，都具有趋同性，演讲者可以从趋同的角度入手，去寻找与听众的共同语言，渲染与听众的共同体验，去缩短与听众的心理距离，唤起听众的心理共鸣。

第二，求异法。

追求新奇是听众的正常心理，演讲者可以巧妙构思，以求异为"突破口"，给听众以新鲜奇特的刺激，设置吊起听众胃口的悬念，调动听众的逆向思维，在设疑、质疑、解疑的过程中，使听众产生恍然大悟的心理愉悦，从而对演讲的主旨心领神会而产生强烈的共鸣。

第三，想象法。

人的一切行为都离不开想象。在演讲中，运用想象激发听众的心理共鸣，变演讲者的有意想象为听众的无意想象，变演讲者的创造想象为听众的再造想象。通过演讲者绘声绘色的描述和生动形象的比喻，使听众在内心再现演讲者描述的艺术境界，从而心驰神往，深受感染。

第四，情感法。

情感是艺术的灵魂，也是演讲生命力的源泉。演讲只有用真情实感的流动、跳跃和燃烧才能感动听众，演讲者只有用血、用泪、用自己生命的激情去呼喊、去敲击才能叩开听众的心扉，震撼听众的灵魂，才能有效地唤起听众的心理共鸣。听众的灵魂在演讲者动情的讲述中得到了净化和升华，产生了强烈的心理共振。

第五，理趣法。

演讲的说理最忌空洞抽象、生硬说教，演讲者要善于揣摩听众的心理，顺应听众的需求，激起听众探究的兴趣，做到理趣相生。而理趣相生的说理能够使演讲的道理更加深入人心，激起听众发自内心的共鸣。

第六，反问法。

演讲中的反问句并不需要听众来回答，而是一种表达强烈情感、进行双向沟通的手段。以反问的方式来唤起听众的心理共鸣，能激起听众心中的波澜，把演讲推向高潮，增强演讲的鼓动性和感染力。

卡耐基思想精华：

演讲者要善于根据不同的内容、形式、语境、对象等，选择恰当的手法，叩击听众的心扉，震撼听众的心灵，唤起听众的共鸣。当然，也可以综合运用几种手法，对听众进行多角度、多层次、多渠道的心理激发，打动听众，征服听众，取得最佳的演讲效果。

演讲的重要因素，不仅包括字句，还有演讲时你的态度，"你说什么，绝对不比你怎么说重要"。

——卡耐基

良好的演讲态度

　　卡耐基之所以认为良好的演讲态度很重要，源于一次在瑞士的经历。有一次，他在瑞士阿尔卑斯山的避暑胜地穆伦停留，住在一家伦敦公司经营的旅馆里。这家旅馆每周都从英国邀请两位演讲家向宾客发表演讲，其中一位是著名的英国小说家，她的主题是《小说的前途》。这个题目不是她自己选的，更糟糕的是她觉得没有话可说，她并不是真的关心这个题目，因此就顾不得是不是讲得精彩了。小说家匆忙准备了一些提要，站在听众面前，无视他们的存在——她有时抬头望着前方，有时低头看着自己的笔记，有时又望着地板。她空洞地按照笔记逐条地念着，眼中雾一般的迷茫，声音飘忽。作为听众的卡耐基，在这样的演讲之中感受到的不仅仅是厌烦，更多的是一种不尊重。这种被轻视的感觉渐渐地发展成为愤怒，甚至到后来，他必须以离开这种不礼貌的行为来遏制自己对那位小说家做出更加无礼的行为。

　　"作为一个演说家，我们更应该多去看看别人的演说，体验作为一个听众是什么样的感觉。"本着这样的原则，卡耐基经常寻找各种做听众的机会，每一次都能得到或大或小的收获。然而，这一次的"听众体验"却让卡耐基感到糟糕透了。因为，卡耐基觉得这位小说家根本就是在浪费听众的时间，不仅如此，这位英国小说家的漫不经心简直就是对听众的侮辱。后来，在卡耐基的课程之中，他经常强调，即便是演说家，也需要一个良好的演讲态度。

良好的演讲态度，可以让很简单的事情发挥长远的影响力。在演讲比赛中，获胜的通常是那些演讲态度很好的人，而不是那些演讲题材很好的人。

良好的演讲态度，首先要求演讲者对听众负责，要求演讲者尊重听众，要求演讲者认真地准备演讲，而不是漫不经心、毫不在乎。如果没有这样的态度，那么演讲就会变成毫无意义的演讲者的独白，并且还是令人愤怒的独白，就像那个小说家的演讲一样。我们常说态度决定一切，在演讲中也是一样，没有良好的态度，那么我们所做的一切努力都是表面的、肤浅的、形式主义的。这样的演讲是不应该上演的。

当然，我们也常说，态度是可以培养的。那么，如果想要培养好的态度，我们该怎么做呢？

第一，充分的准备。这里的准备指的是，整个演讲的准备，包括演讲的主题、听众可能会问到的问题、演讲者自己的形象设计等，大到整个演讲的安排，小到演讲者站立的位置，这些都要做周到的准备。

第二，感受听众的感受。在准备站到演讲台上之前，不妨先坐到观众席上，试想一下观众坐在这里看到自己是什么感受。这样能令我们更加有效地、更加贴心地为观众创造一个良好的听演讲的环境。为什么环境越优雅舒适的餐厅越是昂贵？因为人们喜欢那里的环境胜过美食。

第三，多加练习。演讲没有我们想象之中的那样难，但也绝不是我们想象之中的那样简单。但凡认为演讲是一件很简单的事情的人，都是一上台就照着稿子念的人。一场"魅惑人心"的演讲必须是演讲者自己首先就烂熟于心的，所以这就要求演讲者要多加练习。

卡耐基思想精华：

相对于演讲的各种技巧，演讲的良好态度更为重要。因为演讲的技巧五花八门，每个人都能发展出一套适合自己的技巧，但是演讲的良好态度就只有一个：对演讲认真，对听众负责。只要具备了这样的态度，我们就会克服一切自身的和外在的困难，将我们的观点如春风润物一样传达到听众心中。所以，要想成功地演讲，先审视一下自己的态度吧欲说还休，往往更能刺激人的倾听欲望。所以撩动人心的演讲通常不是一气呵成的那种，而是适当地停顿、静默，然后多转折、多变化的引人入胜的那种。所以，不懂得适当的沉默，就无法真正地了解演讲的艺术。

——卡耐基

适当的沉默是一种艺术

卡耐基的演讲开始风靡的时候，遇到了很多的诘难。批评家批评他的课程是投机取巧，通过揭开别人的伤疤来赚钱，这些批评在社会大众心中激起了一些涟漪。

在卡耐基的一场演讲的尾声，一位傲慢的妇人将矛头指向了他："卡耐基先生，如果您想靠您的那一套不着调的人际交往术与我攀交情是行不通的。"面对这样直白的羞辱，卡耐基没有立即反驳，而是直直望着那位太太的眼睛，沉默了30秒钟，所有人都屏息凝神，等待着卡耐基的反应。然而，卡耐基笑着打破了沉默："这位太太，人际关系不是靠策术，因为它并不像策术那样狭隘，而是靠人类的生存方法来维系的。"简简单单的一句话，犹如尖利的矛一样刺穿了那位太太的盾牌。那位太太顿时红着脸仓皇而逃。

其实，我们可以看到，卡耐基并没有用什么尖利的语言反驳。那位太太之所以落荒而逃，是因为之前那沉默的30秒给了她太大的压力。她和其他人一样被卡耐基的沉默蒙住了，她也在猜测："天呐，他在想什么？他会怎么对付我？我这么羞辱他，他要是太令我难堪的话，我该怎么办？"然而，哪知卡耐基似乎是看穿了她极力掩饰的恐慌一样，反而只是微微一笑。这位太太被自己的胡思乱想给打败了。

卡耐基已经深谙演说之道，演说不仅仅是"说"，还是"演"。

演说家通常会在演说之中加入表演术以毫不畏惧地表达自己，并使用独特的、富于幻想的方式来说出要对听众说出的话。突如其来的沉默就是这样的一种表演方式。卡耐基经常在演说之中停顿。当他说到一个要点，而且希望听众在脑中留下极为深刻的印象时，就会倾身向前，直接望着对方的眼睛，却一句话也不说。这个时候，其实卡耐基是什么都没有想的。但是，听众会想："突然这样望着我是什么意思？"

这种突如其来的沉默和突然而来的嘈杂声有相同的效果：能够吸引人们的注意力。这样做，可以使每个人提高注意力，警觉起来注意倾听对方下一句说什么。

演讲之中适当的沉默是演讲者需要掌握好的一种技巧。有意识地停顿不仅使演讲层次分明，还能突出重点，吸引听众的注意力。在重点处沉默，还能给听众思考的时间。总之，适当的沉默能让整个演讲条理清楚。这样的演讲表现出极强的逻辑，能体现出演讲者的老练和娴熟。

很多人在演讲中，总会信口开河，只顾一味地滔滔不绝，很容易就忽略了想表达的重点，言语间缺少足够的思考和语言的组织，反倒容易造成语言表达不清，意思含糊，影响交流，欲速则不达，甚至不经过大脑过滤就直接脱口而出。显然，这并非明智之举，而且很容易令听众抓住破绽。

如果不懂得适时的沉默，滔滔不绝地一直讲下去，就会使人有急促感，显不出演讲者的力度和感情。那么，在演讲之中，什么时候的沉默是最有效的呢？

当我们需要承上启下、提出重点、总结中心思想、概括主要内容的时候，就需要适当的沉默。静默的时间则视情况而定，一般不超过十秒，在特殊情况下不超过一分钟。

总的说来，演讲者在演讲时，如果像打开的水龙头般任凭它流个不停，则听众的注意力就无法集中。但是像细雨般淅淅沥沥无精打采地演讲，也会使听众精神松懈而分散他们的注意力。因此，适当的沉默时间应该是占全部演讲时间的百分之三十五到百分之四十较为理想。

卡耐基思想精华：

大诗人吉普龄说："你的沉默，道出了你的心声。"在演讲之中聪明地运用沉默，可使沉默发挥最大的功用。沉默是金，假如言语没有沉默，则失去了它的深度。

景象！景象！景象！它们就像你呼吸的空气一样，是免费的呀！而把它们点缀在讲演里，你就更能欢愉别人，也更具有影响力。

——卡耐基

多用耳熟能详的字眼

卡耐基对参加"成功演讲"课程的学员进行一项实验：讲事实。他们定了一个规则，在每个句子里，必须有一个事实、一个专有名词、一个数字或一个日期。这个实验之后，他们获得革命性的成功。学员们拿它当作游戏，彼此指出概略化的毛病。没用多长时间，他们便不再说那些只会飘浮在听众头上晦暗不明的语言了，他们说的是大街上普通人明确、活泼的语言。卡耐基形容尼亚加拉大瀑布每天所浪费的惊人能量时说："在尼亚加拉大瀑布这儿，平均每小时浪费25万条面包。我们可以在脑海中想象，每小时有60万枚新鲜的鸡蛋从悬崖上掉下去，在旋涡中制成一个大蛋卷。如果印花布不断从一架像尼亚加拉河那样宽大1300米的织布机上被织出来，那也就表示有同样数量的布料被浪费掉了。如果把卡耐基图书馆放在瀑布底下，大约在一到两个小时内就能使整座图书馆装满各种好书。或者，我们也可以想象，一家大百货公司每天从伊利湖上游漂下来，把它的各种商品冲落到50米下的岩石上。"

让我们看看卡耐基描述中的画面：25万条面包、60万枚鸡蛋、旋涡中的大蛋卷、印花布从1300米宽的织布机里被织出来、卡耐基图书馆被放在喷泉下、书籍、一个漂浮的大百货公司被冲落；下面的岩石、瀑布。

要想不理会这样的一场演讲或文章，几乎很困难，就像对电影院银幕上正在放映中的电影不让自己去观看那样困难。

演讲者的第一目标是驾驭听众的注意力。要做到这一点,演讲者需要掌握一项极为重要的技巧。一般的演讲者,似乎并没有注意到它的存在,也恐怕从未感觉到它,想到过它。卡耐基所指的这个技巧,就是使用能形成图画般鲜明的景象的词句。能够让听众听来轻松愉快的演讲者,是最能塑造景象在你脑海中浮现的人。使用模糊不清的、烦琐的、无颜无色的语言的演讲者,只会让听众打瞌睡。

卡耐基认为,能够抓住听众的注意力,最稳妥的方法是语言要具体、明确和详细。在这方面,我们完全可以学习作家们那些充满魅力的表达。由此,卡耐基总结出了一些生动表达的方法。

第一,运用人们喜闻乐见的事物来比喻。在案例之中,卡耐基用"旋涡之中的大蛋糕""一个漂浮的大百货公司"被冲落将尼亚加拉大瀑布无形的水能转化成人们能生动理解的画面。这比直白地说"大瀑布具有巨大的难以想象的能量",要生动形象得多。

第二,适当运用具体的数字。"25万条面包""60万枚鸡蛋""花布从1300米宽的织布机里跑出来",这些描述之中运用了具体的数字来表现尼亚加拉大瀑布的巨大能量。

第三,描摹人们熟悉的场景。"每小时有60万枚新鲜的鸡蛋从悬崖上掉下去,在旋涡中制成一个大蛋卷","如果印花布不断从一架像尼亚加拉河那样宽大1300米的织布机上被织出来,那也就表示有同样数量的布料被浪费掉了","如果把卡耐基图书馆放在瀑布底下,大约在一到两个小时内就能使整座图书馆装满各种好书","一家大百货公司每天从伊利湖上游漂下来,把它的各种商品冲落到50米下的岩石上",这些充满想象力的、极富动感的、震撼人心的同时又充满了人们熟悉的事物的画面,能让人们真正地从内心深处形象地理解这个潜在的能量究竟有多大,它一旦释放出来能发挥怎样的效力。

总之，演讲者不妨多看看那些充满想象力的文学作品，然后适当地运用在演讲之中。这样当我们向听众介绍一个他们所不熟悉的事物或者现象的时候，不仅能吸引听众的注意力，更重要的是，能让听众生动形象地了解到我们正在说的东西。

卡耐基思想精华：

　　林肯说："当我派一个人出去买马的时候，我并不希望这个人告诉我这匹马的尾巴有多少根毛。我只希望知道它有什么样的特点。"我们要把眼睛看向那些形象明确又独特的事物上，用语言描绘出内心的景象，使它突出、显著、分明，像落日余晖映照着公鹿头角的长影一样。

我们每个人出生的地方都不一样，成长的环境也各有差别，因而对事物的品评就各有千秋，对同一问题得出的结论也不一样。

——卡耐基

了解听众的心境

卡耐基曾经在一个保险公司总裁的早餐会上担任主要演讲人，这个早餐会每周日上午7点开始。可是他们通常前一天晚上狂欢跳舞到凌晨3点。天快亮时，这批昨夜宿醉的好汉准备梳洗冲个热水澡，好强打精神来应付早餐会。但是他们发现没有热水梳洗，并且早餐桌上也没有发现咖啡、红茶及其他需要热水的饮料。卡耐基面对的是一群"烦躁到快要疯了"的听众。利用自己对当时的情况和听众心情的了解，卡耐基假装不知情地说了他的开场白："我第一次看到保险公司总裁在周末的晚上开那样吵吵闹闹的狂欢会，但是似乎每一个人都吵不'热'！"

听众的挫败感在卡耐基风趣又贴心的开场白中烟消云散。每个人都在笑自己的不悦以及场面的荒谬。

卡耐基了解到了听众的心境，简单地用几个字的幽默力量，对准当时的情况而发，于是消除了听众郁积的情绪，活跃了整个演讲的氛围。

当我们准备一场演讲的时候，最好先了解一下听众的背景，了解一下他们大多数人的兴趣爱好以及他们对某些事物的想法。这些虽然不能直接帮助我们的演讲获得成功，但它对我们演讲的成功会有积极的帮助。当我们越了解我们的听众和他们的遭遇、心情，也就越能有效地以适当的方式来认同他们。

中国有一句古语："知己知彼，百战不殆。"当我们已经做好关于演讲内容的准备之后，我们还需要了解我们的听众。也许有人会说，这个方法用于谈判可能比较有效，在演讲中，那么多的听众，一个一个地了解，实际操作起来会很烦琐。的确，在演讲中，我们面临的是一个群体，如何去了解这个群体，是我们要掌握的。

这里有一个小窍门，将我们的报名表做得稍微细致一点。我们可以将需要的信息列在报名表上，让每一个来报名听演讲的人填一份。之后，我们可以根据这些报名表来大致了解我们的听众是什么背景。当然是找出最多的那一部分人，但是也不能不管那少部分的人。那么，以大多数人的背景为基础准备演讲，同时照顾到小部分的人，这样我们就能对听众有一个基本的了解。

当然，最重要的了解听众心境的方式是换位思考。我们不妨站在听众的角度，理解他们此时此刻的感受。比如，在案例中，卡耐基站在听众的角度，就了解到听众由于狂欢大半个通宵之后的疲惫，以及没有热水洗澡，没有早餐果腹，疲惫与饥饿交加的情况之下还得听讲座的郁闷心情。如果卡耐基不能换位思考的话，当他看到这样一群听众的时候，他估计很难将这场演讲继续下去。

在了解了听众的心境之后，在演讲开始之前，我们不妨设法和听众打成一片，这时就需要发挥我们幽默细胞的力量了。简单的几句话就能使我们进入他们思想的兴趣中。所以我们要事先收集一些"即兴"的笑话或趣闻、妙语，这样可以使我们的演讲更为生动、有特色、合时宜。当然，对于幽默的应用，需要演讲者具有丰富的演讲经验。幽默用得到位，能拉近演讲者与听众的距离、活跃演讲的氛围。但是，要是幽默的运用不到位，会造成过犹不及或者邯郸学步的效果，会引起听众的轻视，从而起到反作用。

卡耐基思想精华：

在演讲之中，我们需要迎合听众的胃口。因为，我们需要在任何时候，将我们的观点以听众所喜欢的方式传递给他们。在这之前，我们必须先了解听众的胃口，所以，了解听众的心境是很重要的。我们在使用任何演讲技巧之前，都必须先了解听众的心境。

一切成功演讲的关键都是演讲者和听众建立的和谐的关系。即席演讲，其实也不过就是在自己的客厅里对朋友聊天的扩大而已。

——卡耐基

即席演讲法

有一次，卡耐基参加一个聚会。在这个聚会上，人们都要进行一场即席演讲。有的人站起来有很多的想法要说，但是说出来的句子之间逻辑关系混乱；有的人说了上句之后，却不知道怎么接下句；有的人甚至紧张得吞吞吐吐。但是，没有一个人能像卡耐基那样泰然自若、侃侃而谈。很多人承认："若是先有准备并有练习，那丝毫没有困难。可是如果意料之外的讲话，我就真的不知所措了。"然而，即使是意料之外的即席演讲，卡耐基也能成功地驾驭。人们被卡耐基风趣的谈吐、机智的思维所折服，纷纷报名参加卡耐基的课程。

情急之下，能够整理自己的思想并发表讲话，有时候要比经过长时间努力准备后的演讲更重要。现代的商业需要，以及现代人口头交流的自在随意，使这种即席发言的能力不可缺少。我们需要迅速组织思想并流畅地遣词造句。许多影响到今日工业能力和政府的决定，都不是出自一个人，而是在会议桌上商定的。每个人都可以发言，然而在这群策群力的会议里，他的话必须强劲有力，才能对集体决议产生影响。就算有准备的演讲，也会有脑中突然一片空白的糟糕情况发生，但是我们如果能够训练即席演讲的能力作为根基，就能避免那种糟糕情况的发生。

这都是即席演讲要生动、突出的原因。

那么，我们如何练习即席演讲呢？

第一，随时做好即席演讲的心理准备。当我们在毫无准备的情况之下被邀请发言的时候，对方很多时候是希望我们能对某一个属于我们的领域内的题目表示一些看法。所以主要的问题在于，我们要能面对这样的突发状况，并梳理出在这短短的时间里要谈论什么。有个非常好的方法可以让我们慢慢地掌握这其中的奥秘，那就是心理上对这些情况应该先有准备。

有了这种准备，我们就会不断地思考，思考正是全世界最难的事情。当我们时时在思考的时候就是克服了这个最难的事情。既然我们连最难的事情都能克服，那么即席演讲也不算什么难事了。

第二，站着思考。这是根据费班克的一种游戏发展而来的。我们每个人在一张小纸条上写下一个题目，然后把纸条折起，混在一块。一个人抽出一个题目，要求马上站起来用那个题目说上一分钟。同一题目没有使用过两次。这能够帮助我们学会在瞬间就能根据任何题目搜集自己的知识和思想。在我们站起来的一瞬间，我们就开始了思考。

第三，即席演讲的联结技巧。这个方法也很简单。甲以其能想出来最奇妙的方式开始讲述一个故事，铃声响起，甲的讲述到此为止。然后乙接着把这个故事讲下去，依次往下进行，直到每个人都讲完。这种方法用于即席演讲的技巧练习的效果很好，当我们的练习足够多的时候，当我们必须发表演讲的时候，就能轻车熟路地应付可能发生的任何情况。

第四，保持蓬勃和旺盛的精力。如果拿出力量和劲头，那么我们表现出来的蓬勃生气就会对我们内在的心理过程产生非常好的效果。所以，忘我地投入演讲中，自然会成为成功的即席演讲者。

第五，因地制宜，因人而异。即席演讲的发生是不确定性的，我们可以先向在场人士致意，争取一个喘息的机会，然后，想想我们要怎么选题。我们可以从三个来源抓取主题。

首先，听众本身是我们即席演讲的首席来源。听众只对自己和自己正在做的事情感兴趣，所以不妨谈谈我们的听众，说说他们是谁，正在做什么，特别是他们对社会和人类做了什么贡献等。

其次，场合是我们的第二选择。当然可以讲讲这次聚会的缘由，我们因为什么原因聚在这里，由此可以扩展出一段即席演讲。

最后，如果我们对之前的一位演讲人所讲到的事特别感兴趣，不妨将它再描述一遍。

第六，切莫信口开河。我们必须围着一个中心，把自己的理念合理归纳，而不是泛泛而谈，没有重点。

卡耐基思想精华：

即席演讲其实是一种高效的沟通，我们需要围绕一个主题在有效的时间内将我们自己的看法明确地传达给对方，并以我们能想到的方式让对方心甘情愿地接受。即席演讲越来越适合这个高速发展的社会，我们在公众场合发言的需求越来越大，发言的机会也越来越多。所以，即席演讲的训练也越来越重要。

基本上，我们的头脑就是一种联想的机器。

——卡耐基

有助演讲的记忆大法

一场成功的演讲的众多因素之中，演讲者的记忆力是很重要的。卡耐基从一开始接触演讲就知道这一道理，所以他的每一场演讲都没有演讲稿。他下意识地训练自己脱离演讲稿。

后来，当卡耐基的演讲风靡欧美之后，他有一次接受记者的采访。

记者问了一个很多人都想知道的问题："卡耐基先生，我们有很多人都想知道您成功演讲的秘诀是什么，您能透露一下吗？"

卡耐基回答说："演讲的秘诀很简单：不要带演讲稿。或者说，演讲者要具备良好的记忆力。"

演讲实际上需要我们有一定的知识储备，它是一个厚积薄发的过程。无论是有准备的演讲，还是即席演讲，如果我们想要自己的演讲成功，我们就需要具备一个好的记忆力。

著名心理学家卡尔·西秀说："普通人只用了自己实际遗传能力的百分之十，其余的百分之九十都被浪费了，原因在于他违反了记忆的自然法则。"所谓"记忆的自然法则"很简单，一共只有三项：印象、重复、联想。更具体一点，即对于自己想要记忆的东西，我们要想方设法获得深刻、生动且持久的印象；记忆东西的时候，多看几遍比死记硬背要深刻；记忆我们陌生的东西的时候，不妨将这些陌生的事物与我们熟知的事物联结起来。

根据这些法则，卡耐基归纳出了几种实用、有效的记忆方法。

第一，集中注意力。花五分钟全神贯注地，比我们在神情恍惚的情况下胡思乱想好几天有更好的效果。记忆最开始是要获得一个深刻的印象，我们只有集中注意力才可能获得这样的印象。

第二，高声朗读法。我们大声朗读的时候，会有两种神奇的感觉：我们看到了我们阅读的东西；我们听到了我们阅读的东西。这样，在记忆上，我们其实就达到了事半功倍的效果。人是视觉动物，眼睛里产生的印象可以更持久。我们经常记住人的面孔，却记不住姓名。大声朗读实际上是在集中自己的注意力。所以，视觉与听觉的配合，是我们记忆东西时的最佳拍档。

第三，不看笔记演讲。这也是卡耐基经常使用的方法。其实，我们的记忆力不像我们想象中那样的匮乏，我们只是担心在台上忘记了演讲词，才会带着演讲稿以防万一。可是，当我们带着演讲稿上台的时候，会因为太依赖演讲稿而最终变成真的依赖演讲稿。说到底，还是心理作用在作祟。

第四，把各种事实联系起来。举个例子，我们经常会因为记不住别人的名字而尴尬，那么，我们不妨注意观察陌生人的外表，注意他的头发和眼睛的颜色，看清楚他的五官，看清楚他的穿着，听听他谈话的语气。对他的外表及个性有一个清楚、深刻、生动的印象，并把这个印象和他的姓名联系起来。下一次，当这些印象回到我们脑海中的时候，它们就能帮助我们联想起对方的姓名。

第五，记住演讲的要点。我们思考一件事的方式只有两种：外在的刺激以及早已存在于脑海中的某事。所以，在演讲中，我们可以借助外在的刺激，如小纸条，帮助我们记住演讲的要点。但是谁会愿意去看一位带着小纸条的演讲者呢？那么，把我们的演讲和早已存在于脑海中的某些事情联想起来会更好。这些要点的排序应该合理，第一项要点必然走向第二项要点，第二项要点必然走向第三项要点。

　　如果我们只是死记硬背，那么我们的记忆力就是有限的；如果我们理解了记忆的自然法则，那么我们的记忆力就是无限的。我们不妨运用这些法则和方法，来帮助我们改善记忆的效率。如果我们不运用它，就算我们记住了一亿项关于汉堡的事实，对于我们想要演讲的"名人"主题也没有一丝一毫的帮助，因为我们缺乏联想。

卡耐基思想精华：

　　詹姆斯说："一般性或基本的记忆力是无法增强的，我们只能加强对有特别意义的可以联结在一起的事的记忆力。"所以，我们不妨用记忆的自然法则以及卡耐基记忆五法来将我们有限的记忆无限扩展。